현대신서
194

하늘에 관하여

잃어버린 공간, 되찾은 시간

미셸 카세

박선주 옮김

東文選

하늘에 관하여

하늘에 관하여

MICHEL CASSÉ
THÉORIES DU CIEL

Espace perdu, temps retrouvé

© 1999, Éditions Payot & Rivages

This edition was published by arrangement
with Éditions Payot & Rivages, Paris
through Bestun Korea Agency, Seoul

차 례

일러두기

　일반적으로 우주론(어원적으로 코스모스, 우주에 대한 견해, 즉 우주과학을 뜻한다)이라 하면 우리를 둘러싸고 있는 대우주의 구조와 생성 과정을 이해하려는 인간의 관찰과 분석, 숙고의 과정 전체를 의미한다. 그런데 우리는 이러한 인간의 기획에 실제적으로 담겨 있는 불확실성을 곧 깨닫게 된다. 그럼에도 불구하고 우주론은 과학적 정신을 특징짓는 엄밀성과 정직성·일관성에 대한 이상을 존중한다. 가장 객관적인 의미에서 우주론의 주된 문제는 세계에 대해 정화된 모형을 세우고, 무엇보다도 그 생성에 관한 일반 방정식의 해를 찾는 일이다.

　우주론은 추상적인 앎도, 시간을 초월한 견해도 아니다. 우주론자는 어떠한 우주론을 내세우건 자신의 문화적인 시공간에서 표현한다.

　따라서 뒤에 언급하는 내용은 우주론의 본질보다는 광대하며 의미심장한 우주론의 외곽 지대를 다룬다. 내가 우주론의 소여(所與) 속에서 시적인 정취를 지나치지 못하는 보편적인 추세에 따르는 것에 대해 양해를 구한다. 물리학은 지혜의 은유로 여겨지며, 이 은혜는 수많은 물리학자들의 삶뿐만이 아니라 수십억 인류의 꿈으로 만들어졌으니까.

별표가 있는 단어들과, 본문을 이해하는 데 유용한 몇몇 용어들은 마지막 용어 설명 항목에 설명되어 있다.

제1부

1

아인슈타인은 곧장, 기정의 공간에서 빠져나왔다.

분리된 공간과 시간은 상대적임이 선언되었고 사실상 주관적인 실재들이 되었다. 물질은 공간을 휘고 시간을 늦추었다. 그 후로 하늘은 이전과 동일하게 정의되지도, 이전과 동일한 지표들을 갖지도 않게 되었다. 시공(時空)*이 존재하게 되었다.

4차원적인 계산이 보는 눈보다 더 밝은 또 하나의 다른 눈을 인간에게 부여했다. 여기에 속하는 기하학은 일반 상대성*과 그것을 통해 우주의 조화를 이해하는 데 필수불가결한 언어를 제공한다. 이성론으로 전향하는 것은 가장 간단한 수학적 형태를 추구하며 그것을 통해 미에 도달하는 일이라고 아인슈타인이 말하지 않았는가?

우주-존재와 같은 뭔가가 존재한다면, 그것을 단어들로 쪼갠 다음에 방정식들의 부동의 다발, 즉 상징들의 목록 안으로 재통합하는 일은 우리의 몫이다. 이렇게 일반 상대성은 우주의 모형과 삼라만상의 변화에 관한 방정식을 탄생시킨다. 제우스는 더 이상 푸른 하늘을 날지 않는다. 빛이 그에게로 오는데 왜 이동하겠는가? 천체물리학자의 철학적인 기획은 더 이상 자연에 대한 지배와 소유가 아니며, 차라리 가시적이고 비가시적인 모든 빛들을 향한 열기이다. 빛은 우주의 한 지점에서 다른 한 지점으로 정보를 전달해 주는 성실한 메신저이다. 거리란 빛이 날아가는 시간이다. 달은 지구에서 1광초 떨어져 있다. 안락의자 위의 천문학자는 외과 의사가 피를 두려워하지 않듯 거리를 두려워하지 않는다. 그는 오직 대리인을 내세워서 난다. 그는 어려움 없이 영시(零時)를 스쳐간다. 그는 계산하고 질서 정연하게 만들고 의미를 부여하면서 종이와 방정식의 우주 안으로 끼어들어가고 간섭하며 그 항적으로 상징들만 남긴다.

2

별은 하늘에 떠 있는 하찮은 동전과 같다. 그래서 하나의 은하*는 천억 개의 동전들에 비길 만하다. 은하는 우주 공간의 기본 단위이다. 은하들의 집합이 우주를 형성하는 것이다. 우주는 이것들의 운동과 법칙에 의해 결합된다.

망원경의 건조한 눈으로 볼 때 우주는 흩어지고 도망가는 듯하다. 별들의 사회이며 중심 항성들의 집단인 은하들이 무질서하게 달아나는 듯 말이다. 은하들은 멀리 있을수록 그만큼 더 빨리 멀어지는데, 이것을 간단하게 표현하면 $v=\mathrm{H}d$이다. 여기서 v는 멀어지는 속도, d는 거리, H의 역수는 거리 d를 v의 속도로 지나간 시간을 나타낸다. 이 시간으로 우주의 나이를 어림잡아 산출할 수 있다. 실제로 모든 은하들이 영시부터 멀어지고 그것들 각각의 거리가 0이며 멀어지는 속도가 다 같다고 가정하면, 임의로 선택한 두 개의 은하들은 현재 d 거리만큼 떨어져 있고 간격이 d이기 위해 걸린 시간은 간단히 d/v, 즉 허블 상수*의 역수가 된다.

이러한 기준으로 볼 때 우주는 150억 년 전에 작동하기 시작한 시계와 같다. 그때의 우주는 지나치게 뜨거웠다. 초기의 우주를 기체로 상상한다면, 팽창으로 인해 열기가 식었다고 할 수 있다. 따라서 우주의 역사는 전반적인 온도의 강하와 이로 인한 구조화의 역사라 할 수 있다.

온도계와 크로노미터가 개발된 이상 전적으로 결정론적인 우주론 모형이 확실하게 우리를 안내하며, 우주의 역사를 구체화한다. 즉 우주의 전 지역은 진화하고 있으며, 그 중 기하학적인 진화가 가장 웅장하다. 공간은 수많은 은하들 사이에서 팽창한다. 우주의 나이와 에너지*의 평균 밀도는 일대일 대응한다.

초기 백만 년 동안의 우주의 밀도(그램매세제곱센티미터)와 온도(절대 온도)의 변화는 다음과 같은 방정식들로 기술된다.

$D=1\,000000/t2$, $T=1\,0000000000/\sqrt{t}$, t는 초로 나타낸 시간이다.

빅뱅*은 우주 공간 안에서가 아니라 우주 공간 자체의 폭발을 의미한다. 이것으로 인해 우주 공간에 진공이 생기며, 우주 자체의 팽창*에 의해 그 진공은 더 깊어진다. 이 이론에서 시간은 아우구스티누스의 가르침과 일치하며 우주와 함께 시작된다. 따라서 하나의 우주와 단 하나의 시간만이 존재하는 것이다.

이렇게 시간의 차원은 온도와 밀도의 차원과 매우 간단하게 관계를 맺는다. 여기서 아주 중요한 결과가 도출된다. 곧 어떤 과정으로 표현되는 우주는 우리에게서 우주의 불멸성에 대한 확신을 영원히 빼앗아 간다. 팽창하여 속이 비워지고 중력*과 또 다른 힘들에 의해 만들어지고 다듬어진 우주는, 어김없이 소멸되는 개별적이고 부패하는 실체들로 나누어진다.

우주는 오래되었기 때문에 광활하고, 평평하기 때문에 오래되었다. 그리고 우주는 거의 비어 있기 때문에 평평하다. 이 '진공'과 '거의'에 어떤 의미를 주는 게 좋겠다. 그 자체로 충만하고 물질(에너지)로 가득 찼으며 심하게 굽은* 우주는, 진화된 모든 조직 및 별·인간·생각을 자체가 붕괴되는 그 속에서 파괴했을 것이다. 물질은 시공의 휘어진 아치에 내민 손과 같다. 완벽한 아치의 운동 규칙은 팽팽하지만 너무 지나치지는 않게 당겨지는 것이다. 이것의 파국적인 파편이 블랙홀*의 은유를 초래한다. 시공에 대한 지식 안의 블랙홀 말이다.

3

빅뱅의 시나리오는 연구실에서 씌어졌다. 우주론*이라는 이야기를 구성하는 것은 확실히 인간 정신에 내재한 어떤 욕구, 대모험들에 대한 욕구의 영역에 속한다. 이 오디세이아에 대해서 호메로스와 같은 시인들은 어떻게 생각했을까?

아인슈타인은 처음으로 단일성을 생각할 수 없게 만드는, 다시 말해 전체적으로 우주 진화의 개념을 뜻할 수 있는 중력에 관한 일반 모델을 가지고 등장한다. 전 우주는 운동 방정식의 일반 해법으로서 이해될 수 있었다. 아리스토텔레스의 창조되지 않고 원래부터 존재하는 고정불변의 우주를 갈망하며, 특히 시대 분위기에 맞춰 관찰에 기초한 확실성을 따랐던 그는, 우주에 관한 자신의 기하학 방정식들에 어떤 것에도 영향을 받지 않는 보충 항, 즉 '우주 상수'*를 추가한다. 그래서 그 방정식들의 해들은 고정된다.

불안정한 러시아에서 프리드만*이 아인슈타인의 방정식들에서 변하는 해들을 보여주면서, 우주의 진화라는 완전히 새로운 견해가 우위를 점하게 되었다. 기원전 6세기초 밀레투스의 이오니아 철학자들이 처음으로 구상했던 우주를 대형 망원경을 이용하여 연구한 허블은, 보편적으로 은하들이 후퇴한다는 사실을 은하들에서 나오는 빛의 적색편이(赤色偏移)를 통해 밝혀냈다.

미 천문학자에 의해 관찰된 팽창 현상과 아인슈타인의 천재성에서 나온 일반 상대성 이론의 몇몇 수학적 결과들 사이의 밀접한 상관 관계를 처음으로 지적한 사람은 박식한 사제 르메트르이다.

조지 가모브와 그의 공동 연구자들인 알퍼와 허먼은 팽창하고 있는 우주 안에서 공간을 채우며, 그 온도가 절대 온도 3에 해당하는 열복사('흑체'*의)를 예측하여 큰 공로를 세운다. 가모브의 논거는 첫째, 팽창이 있기 훨씬 전 단계의 우주는 지금보다 훨씬 밀도가 높았을 뿐만 아니라 극도로 뜨거웠다는 가설과 둘째, 아인슈타인의 중력 방정식들에 대한 프리드만의 해에 열역학 법칙을 적용하는 것에 기초를 두었다.

우주가 폭발할 때 방출된 전자파*는 1965년에 아주 우연히 발견되어, 1992년에 우주배경복사탐사위성 코비(**COBE**; **Cosmic Background Explorer**)에 의해 상세히 연구되었다. 오늘날은 망원경과 인공위성에 장착된 탐지기들의 도움으로 가시광선의 한계를 넘어서 볼 수 있으며, 우주는 순수한 빛의 지평선까지 드러난다.

태양복사는 그 온도가 5700°이며 빛을 내는 한 물체의 방사로 대략 기술된다. 하늘의 깊숙한 배경은 최고도로 붉은데, 너무 붉고 온도가 낮아서($3°K$) 우리 눈에 보이지 않는다. 그것은 전파 망원경의 수신기에 소리를 낸다.

유럽의 고전적인 학설(아인슈타인) 및 태초에 관한 기독교적 형이상학(르메트르), 영미의 실용주의(허블), 러시아의 혁신적 정신(프리드만·가모브)의 결합으로 아리스토텔레스의 수정구는 산산조각 났다. 연속의 역동적인 관념이 신의 동시성을 대신했는데, 이것은 시간 차원의 강조로 귀결되었다. 여기에서 '우주'라는 용어는 공간의 차원, 지각의 양적인 측면을 강조하는 듯 보일 수 있었다. 사실 이 두 가지 시각은 우주, 보다 정확히 말해 우주 공간의 팽창에 의해 연결된다. 부피는 시간이다. 따라서 거리의 단계는 시간성을 갖게 된다.

우주 생성 모형은 우리를 확실하게 안내하고 우주의 역사를 구체화한다. 우주는 팽창하고 있는 것이다! 이것을 $v=Hd$(v는 팽창 속도, H는 허블 상수, d는 거리)와 같이 간단한 식으로 나타낼 수 있다. 자연스럽게 우리가 우주를 아주 강한 단일성의 어떤 것으로 가정한다면, 우리는 그것에 약간은 초라한 듯한 외관을 부여하게 된다. 이러한 정화가 헛된 것은 아니다. 우주는 하나의 **로고스**이고 **역사**이며, 우리에게 아주 특별한 기쁨, 곧 생각을 하나의 서사적 흐름으로 구성하는 기쁨을 준다. 그리고 순간적이고 급격한 충격, 즉 빅뱅이 있다.

4

빛으로 가득 찬 기슭의 이 바다는 무엇인가? 아주 일찍부터 빛은 자유롭게 구성되는 물질에서 분리되었다. 은하들의 형태는 거의 미분화되고 대정맥과 소정맥을 가까스로 관통하며 미세한 알갱이들을 뿌려 놓은 듯한 기층으로부터 추출된다. 막 탄생한 우주의 진주에는 지각할 수 없을 만큼 작은 주름들, 잔주름들이 져 있다. 실제로 절대적인 균일성*은 시공과 그 내용의 양자역학적 기술에 흠이 된다. 초기 공간의 팽창*으로 인해 확장된 양자의 요동*은 은하들의 씨와 같다.

이제 막 형성된 은하들은 별들로 가득 차 있다. 다른 은하들과 마찬가지의 어떤 은하 안의 사고하는 물질이, 평범한 어떤 별 주변에서 머릿속으로 운명의 화살의 방향을 바꾸며 역사를 거슬러 간다. 시간을 거슬러 올라가면 우주는 서서히 수축되고 뜨거워지며 대칭을 이루게 된다. 우주의 수많은 단층들이 축소된다.

물질은 확장을 멈춘다. 이제 확장은 물질성을 획득한다. 진공이 구체화된다.

5

우주에 대한 인간의 관계는 무한한 욕망의 중개에 의해 구체화된다. 오늘밤 우주 공간은 그 혼자서 하나의 스케르초요 탱고요 피리 한 곡조이다. 명상가와 명상의 대상 사이의 울타리가 사라지는 순간에 빛이 난다고 우리는 쉽게 말한다. 빛바랜 쪽빛의 무한한 하늘이 내 안에서 끝없이 펼쳐진다. 별들이 푸른 밤하늘에서 옆으로 원을 그린다. 별들이, 나를 **보다**라는 동사의 공모자로 만든다. 그런데 보다는 구체적인 시각화를 넘어 훨씬 멀리 나아간다. 일반적인 별의 관점에서 보다는, 다른 것들보다 더 진지하게 꿈을 꾸고 별에 대한 꿈을 예측하며 연속되는 머릿속 이미지들을 아름답지만 어두운 세계, 물리적 우주를 구성하는 상호 작용들의 유동적인 짜임과 조화시키는 것이다.

자연은 탁월한 걸작품이며 그 아름다움은 외양의 다양성과 겉으로 드러나지 않는 실체의 근원적인 단일성 간의 대비에서 나온다고 푸앵카레는 말한다. 사실 물체들은 그 구성 원자*들에서만 다르다. 따라서 원자는 기본 요소와 동의어가 된다. 그런데 어떻게 상상 속의 원자들이 물질과 연결되는가?

공간적인 상상력은 그 대상을 이미지 속에, 시간적인 상상력은 그 대상을 언어 속에, 논리 수학적인 상상력은 그 대상을 방정식 속에 넣는다.

방정식은 가장 짧은 것이 가장 세련된 문체의 심급이다. $E=mc^2$와 태양은 빛난다와 같이.

상징적인 기호들의 방정식으로 구체적인 법칙을 표현할 수 있다. 이러한 수수께끼에 의해 물리학 영역의 대상들은 대수학과 기하학의 상상의 대상들과 조화를 이룬다.

6

가시적인 사물들에 대한 지식은 비가시적인 사물들에 대한 지식으로 이어진다. 세계는 우리가 말로 지휘하거나 주술로 유혹할 수 없는 보이지 않는 힘,* 또는 상호 작용*들에 의해 조직된다. 상호 작용들의 4두 2륜 마차, 즉 강한 상호 작용, 약한 상호 작용, 전자기 상호 작용, 중력 상호 작용이 입자들을 지배하고 조작한다. 이 힘들은 우리가 직접적으로 관찰할 수 없는 점점 사라지는 입자들에 의해 전달된다. 진공에서 생겨났고 양자들의 모임 안에서 '가상적'이라 불리는 이 입자들은 실제의 입자들 사이에서 왕복 운동을 하며, 그렇게 실제의 입자들을 연결한다. 이것들의 근원과 무덤은 '진공'이다. 이처럼 진공은 자신의 심부름꾼들을 소집하기도 하고 폐기하기도 한다. 입자들은 이제 최초 물질의 파괴할 수 없는 파편들이 아니라, '장(場)

의 양자(量子)*들,' 곧 갖가지 기본적인 장들에서 양자들의 여진이다. 장의 에로틱한 용어로, 입자들은 장에 의해 흥분된 상태에 있다고 할 수 있다. 전자기 상호 작용과 약한 상호 작용 사이에 근본적인 차이는 없다. 둘 사이의 차이는 단지 우리들이 대칭이 깨진 찬 우주에서 살기 때문에 나타나는 것이다. 찬 기운은 공간의 팽창에 의해서 초래되었다.

태초에 분자들은 미분화 상태로 덮여 있었다. 우주는 완벽하게 대칭을 이루고 있었다고 한다. 물리학에서 가장 중요하게 여기는 '대칭'에서 우리는 무엇에 감탄하는가? 겉모습을 보존하는 어떤 중립적인 모의 조작 같은 것이다. 진공은 배치에 있어서의 모든 조작들(왼쪽/오른쪽, 위/아래, 입자/반입자, 시간의 역류)에 무관심하다. 대칭은 가장 순수한 형태의 물리적 실체 불변의* 구조를 부각시킨다.

그러나 이러한 개념적인 대칭의 명료한 아름다움은 현실 세계로의 추락에 대항하지 못한다. 대칭은 수정처럼 부서지고, 표현 및 독창성·차이, 즉 세계의 충만함이 분출한다.

대칭은 오염되고 부서졌고 종종 침해당했어도 그것을 모으는 사람에게는 황금과 같은 것이다. 부도덕하고 고뇌하며 자신을 감추더라도 인간을 받아들이도록 부추기는 연민과 같다.

전제된 첫번째 대칭은, 똑똑하고 정직한 관찰자들의 교체에 대하여 물리학이 불변한다는 점이다. 대칭이 전혀 없는 세계는 어떤 방식으로든 일반적인 개념들의 공식화를 받아들이지 못할 것이다.

식의 완벽성은 공식을 만드는 사람들의 영원한 근심거리이다. 통상적인 추함은 대칭의 시각에서 볼 때 부차적인 현상들에 의해 초래된다고 그들은 주장한다. 이 부차적 현상들은 문체의 완성을 위해 본질적으로 제거되지 않고서 때때로 이론의 틈 속으로 채색 유리에 없는 조각을 밀어 넣기도 한다. 규격에 맞게 다듬어진 엄밀한 식들은 경험의 감시하에 존재하기에 이른다. 그리고 개념은 살이 된다. 이렇게 물리학은 예지적인 방정식으로 작용하고, 세심한 명필들에 의해 묘사된다. 법칙들은 힘을 초월해서 실현된다. 이스라엘에서 사막까지 그리고 지상에서 하늘까지 운반할 수 있는 성막은 물리학 법칙들의 것이다. 이 법칙들은 운명의 새 법령이 된다. 하늘의 물리적 법칙들은 지상의 그것들과 같다. 그래서 지상에서 잘못된 것은 하늘에서도 잘못된 것이다.

7

　수학 법칙들로 인해 활력을 얻게 된 시간-공간-물질이라는 우주의 3요소에 정당한 구조가 부여된다. 여기서 연결 부호들은 방정식의 형태로 표현할 수 있는 일정한 관계들을 나타낸다. 우주는 자신의 법칙들에 의해, 곧 가변적인 양들 사이의 지속적인 관계들에 의해 통합된다. 법칙들의 법칙들 혹은 메타 법칙들이 구체적이고 실제적인 법칙들의 기술 행위를 지배한다. 대칭의 원칙들이 방정식들의 기술 행위를 규제하고 그것들의 형태를 제한한다. 따라서 우주는, 그 역시 과학적인 법칙들의 기술 법칙이라는 기초 위에 건립된 우주론 모형을 이해함으로써만 접근할 수 있는 이론적인 개념일 뿐이다. 우주론의 방정식들을 간단히 풀이했을 때 관측과 일치한다면 더욱 만족스러울 것이다. 우주는 전 지역에서 진화하고 있으며, 그 중 성단들을 서로 떼어 놓는 공간의 팽창이 가장 웅대하다.

우주의 역사는 중력의 방해와 '진공'(혹은 그 압력이 마이너스인 '에테르' 전체)의 도움을 받는 팽창의 역사이다. 물질은 물질을 잡아당기지만, 물리학에서 말하듯 사막의 빛 속에서 공간은 공간을 밀어낸다.

팽창의 억제나 가속은 가시적 또는 비가시적인 빛과 물질들, 즉 '진공'으로 기울어지는 공간의 세제곱센티미터당 에너지의 총량에 달려 있다. 온갖 형태를 망라한 우주 에너지의 밀도가 어느 임계 수치, 약 10^{-29}g/cm^{3}를 넘으면, 그 우주는 팽창-수축의 순환 주기 속에 영원히 갇혀 있기 때문에 닫혀 있다고 말한다. 그렇지 않은 우주는 영원히 희석될 운명에 있다. 걱정하는 부모들처럼 천문학자들은 우주를 젖먹이 아이처럼 생각한다. 일시적으로 열려 있는가? 닫혀 있는가? 최근의 소문들을 믿는다면 그리 오랫동안 결론이 나지 않을 문제는 아닌 듯하다. 그러나 우주의 미래에 대해서 견해들이 일치한다면 우주론의 미래는 확실해질 것이다. 하지만 사물들의 근원에 관한 문제는 결말이 나지 않았다. 기원에 관한 한 정신은 만족을 모른다.

8

최초의 밤은 흰색에 가까웠다. 모든 게 이해할 수 없는 상태다. 실재는 수학적 상징의 명료함 속에서 해체되었다.

궁극 원인을 원자물리학 법칙들의 본질에서 혹은 신의 창조 행위에서 끌어내려는 강렬하고도 착각을 일으키는 욕망은 어떤 고귀한 환상, 그 자체이지 않을까? 창조적인 어떤 힘·활기·생명 혹은 정신적 원리, 어떤 윤리적 제약 혹은 기하학적이고 물리학적인 법칙을 머릿속에 담고 있다는 것은 그런 존재가 전제된다는 얘기다.

그런데 자기 자신에 대해 당연한 권리를 가지는 어떤 실재가 존재할까? 여신의 목소리를 통해 진리가 엘레아의 파르메니데스에게 나타난 것처럼, 그 어떤 오류도 언급할 리 없는 자연이 물리 법칙들을 통해 인간에게 모습을 드러내는 데 어떤 불가해한 필연성이 존재할까?

9

우리가 우주에게 명확한 어떤 개념이기를 요구할 수 있을까?

우주란 모든 사물들을 단 하나의 단어로 지칭한 것이다! 지칭해야 할 사물들보다 더 적은 수의 단어들을 사용하는 데 동

의하는 일은 언어의 다의성, 은유의 유희, 중의성에 길을 열어
준다.

어떤 사물에 이름을 붙인다는 것은, 우리가 그것에 이름을 붙
인다는 사실 자체에 의해서 이미 그 대상과의 연속성을 잃었음
을 받아들이는 것이다. 언어와 같이 우주론은 불가피하게 결핍
으로 귀결된다.

덩어리들이 기하학의 자연스런 선들의 뒤를 따라온다. 빛이
곡선을 그리며 곧장 나아간다. 모든 것이 가장 알맞게 구부러
져서 흘러간다. 일반 상대성 이론은 분자들의 운동이 시공의 가
장 유리한 곡선들(측지선들)을 따라서 이루어진다고 가정한다.
물질은 태초의 진공과 종말의 진공이라는 두 진공 사이에 있다.
별은 물질이 붕괴되는 곳이다. 양자의 클리나멘(자의적인 운동)
은 불확실한 열 속에서 관례에 따른 전기의 방해에도 불구하고
두 개의 실체들, 수소 원자의 두 개의 핵들, 네 개의 핵들 그리
고 일군의 핵들이 다시 만나는 것이다. 이 때문에 **광대히 퍼져
있는 액체, 빛의 원천**인 태양은 빛난다.

자연은 아마도 빛과 진공을 제외하고는 결코 목적에 도달하
지 못한 채, 자신의 행위에 포함시킨 몇 가지 모형들의 모습으
로 스스로 꾸미는 듯하다. 대마젤란운*의 어떤 별에서의 빛의
소멸이 루크레티우스에게 반향을 남긴다.

신들은 우주를, 우리를 위해 만들지 않았다.
우주에는 결함이 너무 많다.

늙어 버린 시간은 영시(零時)였던 때로 되돌아가지 않을 것
이다.

10

별이 관념이 되는 순간 실질적 별의 성질은 상쇄된다. 상상
의 대상인 별은 몇 가지 별의 특징들을 보인다고 해도 실제의
별이 아니다. 인간은 무한을 위해 태어난다. 생각하는 존재가
0 · 무한 · 우주에 대한 관념을 형성하고, 현기증을 느끼며, 의
심하는 것은 자연스러운 일이다. 이러한 현기증으로부터 우주
공간과 **로고스**를 결합하는 학문이 탄생한다. 우주론은 '우주'
라는 단어에 어떤 의미를 부여하는 것을 목표로 한다. 우주론
의 근본적인 가설은 우주란 하나의 코스모스이고, 이를 달리
표현하면 무질서란 보이지 않는 어떤 질서라는 점이다. 타당성
이 **경험에 의거하여** 확인된 이 유익한 내기는 하늘에 관한 물
리학의 초석이다.

우주는 하나의 개념이다. 그 법칙들에 의해 밀봉된 우주는 속
성들의 최소 등질성, 대규모의 균일성을 내포한다. 코스모스는
더 이상 사물의 유형에 따라 구상되지 않는다. 차라리 다시 찾
아내야 할 순간적이고 집단적인 어떤 질서를 따를 것이다.

11

별의 외양은 우리의 눈 속에 있지만, 별의 본질은 모든 별들을 그 실체와 생성 속에 완전히 포함시키는 물리수학적 모형의 중심에 있다. 곧 이성의 투명한 이론에서 분리된 별, 대형 컴퓨터들의 배경에서 빛나는 상징적인 별들 말이다. 빛과 수치 계산법의 소산인 별의 모형은, 별들의 불명확한 탄생에서부터 그 빛의 소멸과 **사후**의 상태에 이르기까지 조명들의 파란 많은 생애를 되돌아본다. 별은 빛이 소멸한 뒤에도 검은 천체의 형태로 살아남는다.

실제의 사물을 상징적인 것으로 대체하기 때문에 지성적인 이 과정은 엄격한 제한을 요한다. 천문학자는 일군의 별들이 반짝이는 세계를 향해 눈을 들어 "보인다"라고 말한다. 그러면 그림자 게임의 스페이드 에이스는 "안 보이는 것은 뭐지?"라고 그에게 묻는다. 지극히 가벼우며 유동적이고 불가시성의, 까마귀같이 검은 천체들, 투명한 중성 미립자들? 그는 말로 표현할 수 없는 것과 보이지 않는 것을 혼동하기 때문에 때로는 대답하지 못한다.

12

어느 정도의 지평선을 넘으면 우주는 고유의 빛으로 인해 불투명해진다. 말 그대로 관찰할 수 없어진다. 가장 깊은 곳의 무의식처럼 관념이 흐려지게 된다. 눈이 먼 듯한 느낌이 드는 어느 지역에서는 생각이 탄생에서부터 분리된다. 자기 자신과 관계되는 바로 자신의 생명, 우주와 관계되는 별과 은하의 진화, 곧 우리가 생명이라고 부르는 것에서부터 말이다. 아무도 자신이 태어나는 것과 우주가 탄생하는 것을 볼 수 없다. 모든 시작은 모호하다.

0에 대응하는 기하학은 없다. 물리학도 마찬가지다. 0은 양자이기에는 너무 정확하다. 0에 열광한 욕망에게는 그 상태를 유지하기 위해서 자신의 대상을 건드리지 않는 게 중요하지 않을까? 시공은 방향 및 공간의 어느 한 점, 심지어는 차원의 수 어디에도 특권을 주지 않는 진공이라는 태고의 금강석에 난 하나의 결함이다.

총체적인 어둠의 순간, 정신의 완전한 불모지대, 10^{-43}s, 곧 시간상으로 아직 존재하지 않는 어떤 순간인 영시의 비상식과 우리는 거리를 둔다. 이러한 거리두기가 결핍되어 호교론적인 연설과 신학의 굉장한 위력이 세력을 떨친다.

13

모든 인간에게 공통되는 실제의 우주(시인 및 예술가, 몇몇 신학자들의 상상의 우주와 대조되는)에 관한 명제들의 논리적 연속인 물리학은 경험 안에 주어진 '작품'("신은 오직 그의 작품들을 통해서만 알 수 있다"는 의미에서)을 정확히 따져 보려고 한다. 하늘의 조사관은 흔히 광학과 전자공학적인 보철들을 통해 연장된 감각을 이용해 얻게 된 것을 끝까지 논리적으로 분석한다. 그렇다면 물리학에는 예술적인 스타일과 주관은 없다는 말인가?

과학적 가설은 정신 상태의 영향을 전혀 받지 않는다고 사람들은 내게 말한다. 갈릴레이는 달을 빗면으로 굴림으로써 지구 위로 내려오게 했다. 상대성은 정열에 의한 역학이 아니다. 그렇지만 어린 아인슈타인은 빛에 올라타는 꿈을 꾸었고, 이 빛나는 꿈이 이론 체계로 피어난다.

빛의 일정하지 않은 이원성(파형/입자)이 잃어버린 단일성에 대해 말한다. 거의 있을 수 없는 단일성이 아니라 탐구의 중심이 될 수 있는 단일성 말이다. 계산의 안목으로 가시적이고 비가시적인 모든 것을 알 수 있을 것이다. 이것으로 우리는 충분히 행복할 수 있을 것이다. 그러나 종이 및 가설과 방정식들로 만든 우주들은 우리의 근원, 세계의 미를 만족시키기에 너무 빈약하다. 이것들은 온도나 밀도, 합성과 같은 하찮은 속성들로 치장되어 있을 뿐이다. 시는 시적인 정취와 비평의 필치로 기원의 정신을 휘젓도록 우리를 자극한다.

"원자들이 동요하고 있는 것을 보니 우주는 살아 있다."

E. 포

시적인 방정식들은 인간 경험의 진수다.

$E=mc^2$, 태양은 빛난다! $v=Hd$, 우주는 팽창하고 있다!

14

시인과 천문학자들은 하늘에 대해서 동일한 영혼과 권리를 갖지 않을까? 천문학자의 하늘도 시인의 하늘 혹은 예언자의 하늘만큼 풍요롭지 않을까? 강한 횃불처럼 빛을 발하는 별들의 폭발, 초신성들*이 지성적으로 고양되는 물질에 관한 아주 오래된 테마를 밝혀 주지 않을까? 언어가 사물을 대체했다. 상징들의 방정식들이 언어를 대체했지만, 시는 여전히 우주를 노래한다.

현실은 이제 일자의 하늘과 함께 인간이 만들어 내는 쌍이 아니다. 일자는 이제 충분하지 못하다. 헤라클레이토스에서부터 생 종 페르스에 이르기까지 시대와 지역을 초월해서 시인들은 하늘들에 대해 끝없이 의문을 제기했다. 셰익스피어는 철학보다 하늘에 더 많은 사물들이 있다고 단언했다. 천문학자의 하늘은 신학자의 하늘만큼 풍요롭다. 이러한 견해들은 우리의 눈앞에서 탄생할 새로운 우주 이성 속에서 영속될 것이다. 공간은 서사시의 시대를 지나 실용적인 단계 너머의 형이상학적 문제 제기의 시대로 접근한다. 우주를 만들어 내기 위해 존재에 무슨 일이 일어났는가? 그리고 천체물리학이 하늘에서 천국, 다시 말해 초월적인 요소를 떼어내기 위해 무슨 일이 있어났는가?

15

균일하고 연속적이고
무한하며 편재할 것으로
기대되는 진공
혹은 우리가 우주에 적용하는
범주들의 영역은,
우리가 신의 특성이라
상상했던 것이고
파르메니데스가
존재자의 표시와 특징이라
생각했던 것이다.
진공은 신을
달리 말한 게 아닐까?
나의 의심은 더 이상
자랄 수 없을 지경이다.
빅뱅이 너무 아름다워서
나는 감히
의심할 정도다.

  굉음 소리를 나타내는 의성어 '빅뱅'은, 이미 존재하던 곳의 한가운데서의 폭발을 가정하게 하므로 아주 잘못된 것 같다. 왜냐하면 원칙적으로 초자연적인 영역, 우주 너머 은총의 영역,

곧 전부인 자연적이고 물리적인 우주 바깥에는 폭발할 가능성이 있는 공간이 전혀 없을 것이기 때문이다. 따라서 첫 출현은 필연적으로 조용하다.

<h2 style="text-align:center">16</h2>

태양과 달은 그 공전 주기들이 역법의 기초가 되는 천체들이다. 역학적 시간의 측정은 본래 리듬에 근거한다. 낮과 밤, 계절, 하늘의 별자리와 별들의 주기적인 등장에 말이다. 겉으로 볼 때 돌이킬 수 없을 듯한 우주 공간의 전체적인 변화 속에서 생성이 읽힌다. 영원을 깨뜨리는 우주 공간의 시간은 만물 생성의 척도이다.

유한성과 죽어야 할 운명에 직면해 있는 인간은 무한과 불멸을 창조하고(일례로 보르헤스의 《영원의 역사》가 있다) 보편을 껴안는다. 모든 것이 일자에게로 돌아가야 한다면, 그 일자 자체는 어디로 돌아가야 하는가?

엄밀히 말해 하늘이란 없다. 하늘이 물질이요, 땅이 하늘이다. 별들은 물질로 이루어져 있고 죽음을 면할 수 없다. 이렇게 땅이 하늘이라면, 하늘은 이해할 수 있는 것이다. 우리는 하늘에서 천상을 제했다. 이제는 별들로 가득 찬 하나의 조개껍질만 남는다. 우주의 개념이 하늘의 개념을 대체했지만 **관찰 가능한**이라는 성질을 부여할 때를 제외하면, 여전히 우주는 상징적인 표현이다. 새 천년의 신에 관한 논쟁의 중심은 '우주'라는 단어의 정의가 될 것이다.

"천체물리학자들이 자유자재로 다루는 수십억 년이 사람들의 정신을 사로잡는다. 이러한 매혹적인 힘이 우리를 이성적인 생각이 아니라 언제나 신학적 구성의 소재가 되었던 상상의 구조들로 되돌려 보낸다."

도미니크 르쿠르

17

엄밀한 과정들이 긴 여정을 따라간다. 우리가 별들에 관해서 분명한 지식을 얻게 된 것은 금세기에 들어서이다.[1] 다소 앞선 진화 단계에서 원자로*와 같이 갖가지의 덩어리들인 중심 항성들은 보편적으로 가연성인 수소를, 그리고 헬륨과 더 무거운 원소들을 태운다. 빛이 물질이 되는 빅뱅과 반대로 별은 물질이 빛이 되는 곳이다. 별의 생애는 원자핵의 불빛과 중력 사이에서의 긴 투쟁으로 요약된다. 이 불은 중심이 재로 변하면 결국 꺼질 것이다. 별은 자신의 재를, 그리고 그 재의 재를 태울 것이다. 중심이 철의 재로 변하면 타기를 멈출 것이다.

---

1) 이 책은 1999년에 출간되었으므로, 여기서 금세기란 20세기를 말한다. [역주]

18

인류는 스스로를 천지창조의 중심에 두는 성향을 보인다. 천문학의 증거들이 쌓여감에 따라 이러한 신인동형론의 확신들은 하나씩 버려져야 했다. 인간은 죽음 한가운데에 있지만, 인간만 죽는 것은 아니다.

별들은 핵의 연금술로써 생산의 공간을 인공적으로 생겨나게 한다. 탄소·질소·산소……. 이것들은 원자의 원천이다. 별들은 빛난다. 별들이 빛을 발한다면 그것들은 타고 있다는 얘기다. 그리고 그것들이 탄다면 그것들은 소멸되고 있다는 얘기다. 옛 점성술에 의하면 인간의 운명을 주관하는 영속적인 천체들은 그만큼 영원하지 못한 인간들에 의해 소멸하는 것으로 선고된다. 극악무도한 자들이 천체들의 죽음을 예언하고 예측한다. 그런데 천체들이 소멸하게 되어 있다면 불멸성의 보증은 무엇이고 죽는다는 것은 무엇인가? 적어도 하나의 별이 죽는다는 것은 빛에서 어둠으로 변하는 것이다. 죽음, 그것은 겔 결정의 모습을 띠고 강렬한 광휘의 망토가 뜨거운 중심부를 감싼다. 하늘에서, 죽는다는 것은 무엇을 뜻할까?

모든 물질적인 것은 시간 속에 있다. 작열하는 구형의 가스층인 별은 자기 활동의 격렬함 속에서 사라진다. 이른바 정확한 하늘의 모래시계와 같은 별은 자신의 투명한 진주——백색 왜성과 중성자 별, 블랙홀——를 떨어뜨린다. 반면에 별이 만들어 냈으며 우리의 혈액이 운반하는 원소들인 탄소·질소·산

소 등의 친(親)물질의 재들을, 마치 부와 규모를 자랑하는 갈리
온 선과 같이 가득 실은 외피는 날아간다. 우리는 우리 몸을 구
성하는 원소들을 하늘에서 취했다.

결국 별들에서 온 우리의 원자들은 다시 별로 돌아갈 것이다.

(빅뱅의) 기원에 관한 탐구는 일종의 전도된 죽음에 관한 탐
구이다. 죽음이란 사고의 확장이므로 우리는 죽는다는 것을 배
워야 한다. 우주는 앞으로도 오랫동안 탄생의 비밀을 간직할 것
이다.

19

관찰자는 숲을 가로질러 시간의 원천으로 향하며 언제나 먼
저 혼란스러운 여명기, 소란스러운 탄생의 공간 속으로 침투한
다. 지성이 진공과 시간을 이렇게 깊이 파고들어간 적은 없었
던 것 같다. 그러나 우주론은 어느 지평선을 넘어서면 깊은 무
의식 속을 떠다니는 관념들과 같이 모호해진다.

불이 첫번째라면, 어째서 하나의 우주는 존재하고 순수한 불
만 대립 없는 평온 속에 존재하지 않는가? 시간의 화살과 그와
함께 우주 팽창을 되돌리면, 곧 우주 공간을 거슬러 올라가면
우리는 불, 둥근 불, 불의 공, 빅뱅, 즉 '태초'의 최고의 열기(T
$=100000000000000000000000000000000$도, 10^{32}K)에 이르
게 된다.

공간 전체를 채우는 물질과 복사가 극히 뜨겁고 고밀도였던

아주 오래전의 시기부터 우주의 역사를 검토해 보면, 유일성(영시)에 가까운 우주론 모형 전체를 압박하는 문제는 확률론에 종속되는 양자 원소들의 과정과 결정론적인 평균적 중력변화 사이의 관계임을 우리는 확신하게 된다.

<h2 style="text-align:center">20</h2>

　인류가 생각할 수 있는 것보다 훨씬 더 멀리서, 진주는 반짝이고 거기에서부터 관찰 가능한 우주가 탄생한다. 우주의 초팽창* 모형에 따르면 우리가 생각하는 것만큼 아주 작고 미세하며, 따라서 우리의 바람대로 균질하며 폭발적인 에너지로 가득 찬 무한 공간의 한 세포는 1초도 안 되는 시간 동안(10^{-32}) 엄청나게, 그것도 '유사 진공'(에너지로 꽉 찬) 상태의 특징을 보이는 엄청난 마이너스 압력하에서 일정하게 팽창했을 것이다.

　이 결과로 나오게 될 거품이 관측 가능한 우리의 우주를 폭넓게 병합할 것이다. 진공의 급변, 그리고 단 한번의 섬광으로 이것은 자신의 잠재적인 에너지를 내려놓을 것이다. 이러한 '진공'이 너무 많이 가지고 있다가 발현시키는 것이 빛과 물질, 즉 세계이다. 입자들이 나온 후 공간의 팽창은 우리가 아는 것보다 더 조용히 진행되고 있었다.

21

만물이 탁탁 튀는 원리는 무엇이고, 그 원인은 무엇일까? 사실 그 원인을 일상의 언어로 표현하기란 불가능하다. 현대 물리학적 사고를 빌리는 것의 정당성을 위해 이 부분에서 양자론에 대해 꼭 논하는 게 좋겠다.

'양자의' 는 '요동하는' 과 유의어이다. 물질을 구성하는 원소들의 파동의 양상과 빛의 실체적인 양상을 밝히는 양자물리학은, 대립적이기까지 한 두 양상 간의 언어적인 경계를 없앤다. 파동은 입자가 튀어오르는 바로 그곳으로 침투하는데, 이 때문에 전파가 건물의 벽을 뚫고 지나간다. 물질이 파동이라면 입자는 단 한곳에만 있는 게 아니다. 만질 수 있는 대상들에 의한 공간의 실질적 점유는 존재 가능성의 비중이 강화된 것 뿐이다. 오랫동안 절대적 조형의 능력을 가진 것으로 여겨졌던 물질 입자는 충실한 단층 촬영에 의해 조절된다. 양자역학 내에서 살아 있는 언어의 빈 자리에 파동—입자의 형식상의 가능태를 받아들일 필요가 있다. 기본 견해의 불확실성으로 인해 우리는 이해로 인해 이미지 전체에 대해 유동적이고 자유로워진다.

연역적인 조작으로 진공은 구체적인 형태를 띠고 물질은 붕괴된다. 새로운 진공은 비존재와 물질적 존재 사이에 비어 있는 어떤 필연적인 간격을 메우게 된다. 그것은 무(無)로부터 외관(투과성, 중립성, 저항의 부재, 대칭)을 취하고, 물질로부터는 본질, 에너지, 곧 세계의 불변하는 기층을 취한다.

물리학은 공간을 넓히며 팽창의 시조인 별과 거품들을 부풀리는 우주적이고 양자적이며 상대적인 대존재를 단지 막연하게만 예측하게 한다. 그 존재가 아버지라면 빛은 딸과 같다. 이것들의 충돌이 우리가 말하는 빅뱅, 대폭발이다.

새로움의 영원한 창조 동인은 때때로 거품 하나를 떨어뜨리는, 우리가 적당한 단어를 못찾아 양자역학의 진공이라 이름붙인 원래부터 존재하는 기층일 것이다. 수많은 빅뱅들에 대한 악의 없는 원인이며 늘 무엇을 내뱉는 기층 말이다. 죽고 태어나기를 반복하는 우주, 밀도가 너무 높은 몇몇 거품들은 가장 작은 천체가 형성될 시간을 갖기도 전에 터질 것이다. 세계의 생성에 대한 **새로운 유행 스타일** 속에서 극히 짧은 시간 동안의 수많은 창조들과 빅뱅의 일반화, 그것의 전적으로 불확실한 특성들로 인해 우주는 유대 그리스도교와 이슬람교적인 기원설의 틀에서 완전히 벗어난다.

22

우리가 속한 우주라는 거품의 팽창 속도가 늦춰지지 않고 오히려 빨라지는 것을 충격적으로 확인할 수 있다. 이렇게 팽창 속도가 빨라지는 것은 억제할 수는 없는 듯하다. 두 그룹의 미국인들이 먼 곳의 별들의 폭발(초신성)로부터 나온 눈에 띄는 섬광을 조사한 후 각각 이와 같은 결론에 도달한다. 받아들여진 빛의 양은 물질의 지배를 받는 우주라는 고전적인 가설에서 예상한 것보다 적다. 이로부터 우리는, 물질이 팽창을 지속적으로 늦추는 데 반해 팽창은 멈추지 않고 무언가의 재촉을 받는다는 결론을 이끌어 낼 수 있다. 우리가 보지 못하는 그 무언가를 우리는 '진공'이라 부른다. 사실 그것은 엄밀한 의미에서 보통의 빈 공간과 물질의 중간이다. 그것을 이해한 대로 에너지와 연결시킬 수도 있겠지만 그것의 압력은 물질의 압력과 달리 마이너스여서 만유의 반(反)중력과 같다.

이렇게 재해석된 진공은 우주에 떠다니는 무리들, 즉 은하단들을 실어가는 분산 운동의 원천이다.

다행히 우리의 두 눈은 서로 멀어지지 않고, 달도 지구에서, 지구도 태양에서, 태양도 은하 중심에서 멀어지지 않는다. 반중력은 수십억 광년의 먼 우주에서만 효과를 내기 때문이다.

어쨌든 가속되는 팽창의 발견은, 관측 가능한 우주('거품')가 그 에너지 밀도에 관한 한 물질이 아니라 양자역학의 진공(혹은 그와 비슷한 어떤 것)의 지배를 받는다는 사실을 뜻할 것이다. 곧 우주와 그 미래는 비가시적인 것과 만질 수 없는 것에 좌우된다. 우리가 '진공'이라 잘못 부르며, 수리물리학적인 속성들을 고려할 때 상대적인 에테르라 부르는 게 더 적절할 듯한 거대 투명체에 말이다.

실존적이고 감각적인 측면에서 이 에테르에 의해 유도되는 영속적이고 결정적인 공간의 팽창은 우리에게서 영원 회귀라는 정신적인 위안을 박탈한다. 우주 공간은 영구히 팽창할 운명이고 따라서 다시 어떻게 할 도리 없이 희석되고 식을 것이기 때문이다. 이렇게 창세기는 끝날 것이다.

23

천체물리학이 유물론의 방식으로 〈창세기〉를 다시 쓴다.

I

정상을 벗어난, 우주의 진주 하나가 혼돈 속에서 떠오르고
그것이 공간과 시간, 에너지를 낳는다.

II

공간은 팽창하고 시간은 흐르며 에너지는 구체화된다.
물질이 자신의 분신, 즉 반(反)물질*과 함께 발생한다.

III

물질과 반물질이 서로를 무(無)로 돌린다.
　이러한 무화는 양자*들과 이보다 더 적은 수의 중성자*들,
그리고 양자들과 같은 수의 전자*들의 모습으로 약간의 물질
과잉을 남긴다.

IV

중성자들이 양자들과 결합하여 헬륨이 만들어진다.

V

양자와 전자들이 결합한다. 우주는 바로 자신의 빛에 의해 투

명해진다.

VI

별들이 형성되어 단순한 원소들을 복잡하게 변환시킨다.

VII

중심 항성이 나타나서 행성들에 둘러싸인다.

VIII

생각하는 물질이 구름과 별의 영향을 받고 관성을 띠는 물질인 자신의 과거에 관심을 가진다. 한편 우주의 다른 섬들은 팽창으로 인해 멀리 실려 간다.

24

20세기의 물리학자들은 하늘의 모든 형체들 사이의 의존 관계를 수립했다. 거기에는 기원에 관해서 물리학적인 어떤 연쇄 반응이 있다. 하지만 신화처럼 감동적인 이들의 언급이 이성적인 인간의 바람을 완전히 충족시키지는 못한다. 인간은 과학 안에서 인간의 호기심을 제한하는 최초의 원인들에 이르게 될 때에만 스스로 만족스럽게 여길 것이다.

여기서 양자의 불확실성이 블랙홀의 역할을 한다. 우주의 암흑은 영시의 어둠 속으로 흡수된다. 이 구름 같은 불확실과 불가지가 기원을 둘러싼다. 그러나 모든 논리적 난관, 무패의 이성이 미지의 영역으로 밀려난 이상, 하늘은 이해할 수 있는 것이 된다. 물리학의 정화된 우주 공간 속에서 사물들이 사건들에서 흘러나오고, 그 역도 마찬가지이다.

모든 진리가 하나의 불가사의에서 나온다. 1초(10^{-43}s)의 극히 적은 일부분, 곧 0.0000000000000000000000000000000000000000001초가 전 세월과 맞먹는다.

25

성직자들은 신앙의 고독 속에, 과학자들은 방정식의 고독 속에 있다. 자기 시각의 넓이를 조절하는 고행은 물리학이라 불린다. 이것을 수행하기 위해 요구되는 불안의 질은 화가나 신비주의자의 그것보다 낮지 않다. 다니엘에게 수여한 《하나님의 불가해에 관한 설교집》에서, '황금의 입'(요한 크리소스토무스)은 천문학자는 비둘기의 영혼을 가지고 있다고 했다.

범선에서 평화롭게 장난치던 길들여진 비둘기가 겁을 먹으면 온 몸을 떨며 지붕 위로 날아올라가 서둘러 불안에서 벗어나려 창문으로 통하는 출구를 찾는 것과 마찬가지로, 신의 축복을 받은 사람의 영혼은 자신의 육체 밖으로 날아오르기를 열망하며 서둘러 외부로 나가려고 한다. 그 영혼은 자신의 육체 자체를 버림으로써 확실히 날아오르고 거기에서 빠져나올 것이다.

그보다 앞선 천사가 자신의 거처로 데려가는 식으로 그를 불안
에서 신속히 벗어나게 한다면 말이다. 그의 육체는 깊은 어둠
속으로 빠져들게 하는 현기증에 사로잡힐 것이다.

제2부

1

우주를 대표하고 그 법칙들의 개념을 만들어 낼 수 있는 한 존재가 고대 우주의 견지에서 볼 때 최근에 어떤 별에 나타났다. 그것은 하늘에 심어진 눈들에서 무한과 영원을 생각해 낸다. 어째서 인간은 세계 속에서 질서를, 그리고 적어도 일부는 무질서를 찾으려 하는지 설명할 필요가 있을 것이다.

인식의 폭발적인 비약이 기원전 6세기 중반 소아시아의 서쪽 연안에서 일어난다. 거기에서 우리는 신화적인 언어를 과학의 언어로 바꾸려는 첫 시도를 목격하게 된다. 결국 바다의 신 넵투누스는 물의 원자 기호 H_2O 앞에서 잊혀진다.

원자들로 구성된 육체적이고 물질적인 존재는, 물질이란 모두 그 형상에 따라 원자들로 만들어졌다고 오랫동안 믿어 왔다. 그러다가 20세기에 들어서 물질과 진공의 범주에 엄청난 변화가 일어난다. 오랫동안의 천체와 은하들의 움직임 분석을 통해 본래 드러나지 않고 투명하거나 '검은' 에너지가 최소한 두 가지의 다른 형태로 존재한다는 사실이 입증된다. 몇백 년 된 이론적 성찰의 평온과 깊이 속에 있던 물질의 단일성은 깨졌고, 그 모든 여파가 우주론에 전해졌다.

과학과 철학이 생긴 이래로 그 우위가 선언되었던 원자는 '진공'과 검은 물질 다음의 세번째 자리로 떨어진다.

역설적이게도 '원자의'와 '핵의'라는 어휘들만 썼던 그 세기는 두 용어가 우주에서는 무의미함을 선언하면서 끝이 난다. 인류는 자신의 몸과 주변의 모든 가시적인 것들의 물리적인 매체(별과 은하들을 포함한)를 구성하는 원자들은 진공과 검은 물질의 대양을 떠다니는 한 우주의 거품일 뿐이라는 사실을 마침내 깨닫는다. 어떻게 인간은 이 비가시적인 것의 우위를 인식하게 되었을까? 관찰과 논리를 통해서였다.

인류는 한순간 어둠에서 빠져나왔다가 다시 그곳으로 돌아간다. 이것으로 계몽철학의 종말을 선언할 필요는 없다. 현재 우리가 논리적으로 밝히려고 하는 것은 검은 물질과 에너지의 어둠에 이르는 긴 길이다.

때때로 신화의 길과 천체물리학의 길이 하나의 동일한 것이면서도, 한쪽은 활짝 피는 반면에 다른 한쪽은 그렇지 않을 때가 있다. 과학에는 신비가, 신화에는 엄밀성이 있다.

"계산으로써 어떤 믿기지 않는 실재에 접근하는 과학자와 그 과학적인 증거가 감각 세계의 직감에 의한 모든 여건들과 모순되는 실재에서 무언가를 파악하려고 갈구하는 일반인들 사이에서, 신화적인 사고는 일종의 중재자, 곧 물리학자들이 비물리학자들과 교통하는 유일한 수단이 된다. 그렇기 때문에 과학자들이 통속적인 것에 영향받지 않는 진실들과 거시적인 경험 사이에 깊이 파인 구렁을 메우는 것을 도와주기 위해 사건들을 생각해 낸다. 빅뱅, 팽창하는 우주 등 신화적인 성격의 모든 것들을. (…) ……따라서 초자연적인 세계가 인간을 위해 새로 출현한다. 아마 물리학자가 계산과 실험들로써 그 실재를 보여줄 것이다."

클로드 레비스트로스, 《스라소니의 역사》[2]

바로 여기 과학과 인간 사이에 다리를 놓는 꿈을 가진 과학 전문기자들을 매우 당황스럽게 하는 대목이 있다. 그 대목을 내가 만족스럽게 설명할 수는 없겠다. 하지만 어쨌든 레비스트로스는 내가 생각하는 것을 분명하게 언급함으로써 나에게 큰 도움을 준다. 그의 말에 따르면 과학의 대중화란 속임수에 불과하다. 과학자와 그저 평범한 인간적인 인간 사이의 격차가 넘을 수 없는 것이기 때문이다. 사고방식이 천천히 나아가는 데 반해 과학은 질주한다. 나는 이러한 생각에 전적으로 동의한다.

과학을 표현하는 외장은 시적이거나 신화적일 수밖에 없다. 다시 말해 엄격하게 과학적인 기준에 따르면 역진적이고 애매하다. 정확히 말하면 과학이란 어느 정도는 미학이기 때문이다. 과학의 간결한 언어는 개념들을 극도로 정화한다. 개념들을 받아들일 수 있게 희석하고 묽게 하는 일은, 과학의 본질 자체와

---

2) 이러한 레비스트로스의 분석은 적절하기는 하지만, 다행히 글자 그대로 받아들여지지는 않는다. 그렇지 않다면 우리들 중 누구도 전문지 외에는 그 어디에도 논문을 쓰지 않을 것이다.

어긋나는 언어적 표현으로 귀결된다.

그렇다고 해서 과학이 해명을 요구하는 다수에게 침묵해야만 할까? 나는 그럴 수가 없다. 물리학자들은 필요하고 가능한 폭로 수준의 질문에 대해 저마다 다른 답을 제시한다. 여기서 그들이 유용하다고 판단하는 기교는 그들이 호소하는 가상의 대화 상대에 달려 있다.

나 자신의 견해가 부질없다고 해도, 나는 아무 말 없이 가만 있지는 않겠다.

내게 열 줄 정도가 주어진다면 다음과 같이 말하겠다.

세상이 시작되었다! 우주가 대대적인 이동을 시작했다. 우주는 팽창중이라 해도 무턱대고 떠다니는 것은 아니다. 곧 파동과 입자의 2륜 마차와 같은 물리학 법칙에 따라 이동한다.

세상은 시작되었고, 따라서 전적으로 신화적인 영시를 제외하면, 그 과거는 측정되고 실현된 사건들의 수가 헤아려지며 판독되기도 한다. 여기서 시작을 안다는 것은, 영원히 이해할 수 없는 곳에 거하는 태초의 이미지를 넘어서 그 이미지를 어느 정도 안다는 것을 의미한다.

나는 새로운 초자연적인 것이 아니라 새로운 자연적인 것으로 당신들을 초대하고 싶다. 철학의 역할은 자연적이지 못한 것을 자연스럽게 만드는 것일 수 있다.

나는 동요하는 사람들, 오컴의 면도칼로 언어의 뿌리들을 자르는 데까지 아직 이르지 못한 수많은, 소크라테스에 앞선 여러 사상의 계승자들에게 호소한다. 그들은 고대의 여름 향기를 들이마신다. 그들은 우주의 월계수 잎과 별의 논리를 딴다. 그들은 여전히 올리브나무 아래에서 별들에 관해 논한다.

사고를 통해 세계를 전체적으로 파악하려는 노력인 형이상학은 인간을 처음부터 각각 신비철학, 과학으로 향하게 부추기는 두 경향의 결합과 충돌 덕분에 발전하였다. 인간의 정신 구조 속에서 우주론의 자리를 이해하기 위해선 우선 과학의 신화적인 뿌리들을 발굴하고, 혼란스럽고 감동적인 모든 감각적 경험의 영향 속에서 우주론과 신통계보학의 핏빛 소용돌이와 격동 속에 빠져보는 것이 좋겠다.

2

바빌로니아인들의 것과 유사한 이집트인들의 우주론은 물과 어둠을 기본 재료로 여긴다.

우주[3]는 남북으로 긴 장방형의 상자와 같다. 지면이 바닥을 차지한다. 곧 이집트가 위치한 중앙이 약간 오목한 평원이다. 이집트는 높은 산들로 둘러싸여 있다. 세계는 땅 끝에 받쳐진 기둥들 위에 세워져 고정되어 있다. 그 너머에 하나의 큰 강이

---

3) 이 부분의 묘사는 유네스코의 연구 논문집 〈문화와 시간 Les Cultures et le Temps〉(Payot, 1975)에 발표된 텍스트에서 영감을 받은 것이다.

가장자리를 이룬다. 나일 강은 이것의 한 지류이다.

하늘은 가운데가 볼록하고 표면이 평평하며 구멍들이 나 있는 하나의 덮개이다. 이 구멍들에 줄이 매달려 있어 그 끝에 별들이 걸려 있다. 별들은 낮에는 보이지 않고 밤에 반짝인다. 그 운행을 담당하는 각각의 신들이 움직이는 각각의 천체 속에 나타난다. 태양신 라는 낮 동안 하늘의 강에서 배를 타고 이동한다. 그의 배는 언제나 인간들과 가장 가까운 연안을 따라간다. 천체의 이지러짐은 가공의 동물들이 라에 대항하여 저지르는 반역 행위들이다.

천공의 나일 강, 은하수는 죽은 자들 나라의 큰 강이고, 이들은 오시리스 옆에서 영원한 행복을 누린다.

중국의 우주론에서 세상은 하나의 수레와 같은 모습을 띤다. 여기서 정사각형의 땅은 궤짝이고 둥근 하늘은 덮개이다. 중국인들은 명예로운 자리, 중앙에 위치한다. 서로 연결되는 네 개의 바다가 땅을 에워싼다. 하늘의 덮개는 아홉 개의 단으로 되어 있는데, 마지막 단에 최고의 제후가 거한다.

하늘의 하부는 원운동을 하는 판판한 면이다. 매우 높은 기둥들이 땅의 끝에 세워져서 이것을 받치고 있다. 천체들은 하늘의 이 하부면에서 움직인다. 하늘의 큰 강(은하수)도 이곳에서 흐른다. 하늘은 북서쪽으로 기울어져 있는데, 그것은 말뚝 하나가 주저앉았기 때문이고, 그래서 매일 밤 천체들이 동쪽에서 서쪽으로 서서히 이동한다.

"태양은 땅 위에서 밤을 보낸다. 아침이 되면 천 리나 되는 거대한 나무를 이용하여 동쪽의 빛나는 계곡에서부터 하늘로 올라가고, 밤이 되면 서쪽의 옌산 산맥으로 내려간다."

태양이 사라지고 나면 '천상의 나무의 빛나는 꽃들'인 별들이 땅을 비춘다. 태양과 달은 운행중에 때때로 용들에게 삼켜진다(식(蝕)). 하늘의 아들, 천황이 땅으로 파견되어 질서를 바로잡는다. 그는 역법을 세우고 음악과 신성한 예식들을 이용하여 자연을 거기에 따르게 한다. 그는 죽으면 하늘로 돌아간다.

항해술도 천문학도 발전시키지 못한 히브리인들은 바빌로니아에서 우주론을 끌어온다. 기초 위에 견고하게 놓여 있는 땅의 형태는 둥글다. 그리고 땅은 바다로 연결되고 강과 샘들의 원천인 지하의 물 위에 놓여 있다. 가장 낮은 곳은 "어둡고 죽음의 그늘진 땅"(〈욥기〉 10장 21절), 시울인데, 그 밑바닥이 지옥이다. 하늘은 비를 뿌리는 상층의 물을 저장하는 일종의 견고한 덮개이다.

"금속으로 된 거울처럼 견고한 하늘."

〈욥기〉 38장 18절[4]

천체들은 높은 창공에서 움직인다. 역법은 태음력이다. 하나님이 절기를 정하기 위해 달을 창조했기 때문이다(〈시편〉 104

---

4) 〈에스겔〉은 이와 다르게 설명한다. 곧 "그가 땅의 원을 배치하고 가벼운 천과 같은 하늘을 펼쳤다"라고.(〈겔〉 40장 22절)

편). 초승달이 달초를 나타낸다.

　　"하나님이 가라사대 물 가운데 궁창이 있어 물과 물로 나뉘게 하리라 하시고 하나님이 궁창을 만드사 궁창 아래의 물과 궁창 위의 물로 나뉘게 하시매 그대로 되니라. 하나님이 궁창을 '하늘'이라 칭하시니라 저녁이 되며 아침이 되니."[5]

　　이와 매우 유사한 견해가 호메로스의 시 속에 전해진다. 《오디세이아》의 작가는 대양을 만물의 근원이라고 언급한다. 땅은 오케아노스에 둘러싸인 일종의 원반이고, 올림푸스 산보다 두 배 더 높은 하늘은 그것들을 덮는 둥근 지붕이다. 땅과 하늘 사이에 구름과 함께 대기가 있고 그 둥근 천장 밖에까지 퍼지지 않는 에테르가 있는데, 여기서 신들과 별들이 그들 뜻대로 움직인다. 대양에서 태어난 별들은 다시 그곳에 잠긴다.

3

　　우주 공간을 뜻하는 '코스모스'라는 단어는 질서를 의미한다. 이것은 코스모스 도래 이전의 진공·어둠과 무질서의 상태인 카오스와는 반대로 정돈되고 조화로운 어떤 전체로서의 우주를 가리킨다.

---

5) 개역 한글판 구약 성경 〈창세기〉 1장 6-8절에서 인용. (역주)

가이아(대지)가 우라노스(별이 총총한 하늘)와 폰토스(바다)를 낳는다. 그리고는 우라노스와 연합하여 하늘 최초의 지배자들이며 자신들의 아버지에게 반항하는 티탄들을 낳는다. 그들의 자식들인 올림푸스의 신들은, 정해진 질서를 새로운 지배자로서 코스모스에 부과하는 책임을 그들 중 가장 어린 제우스에게 맡기기 위해 싸우고 모든 것을 전복시킨다.

헤시오도스의 《신통기》는 카오스에서부터 세계가 생겨나 여러 부분들이 서로 구분되고 전체의 뼈대가 구성되며 세워지는 방식에 대해 얘기한다. 헤시오도스의 신들에게 있어서 시원은 늘 카오스, 혼돈 상태였다.

신화는 신성불가침의 힘들 사이에서 위계 질서를 세우고 지탱하는 절대적 영향력을 지닌, 신들의 신의 영광을 노래하며 세계의 기원을 묘사한다.

자연과의 대조 속에서 신화학의 본질적 특성은 상황 및 힘ㆍ특성ㆍ심신 상태의 의인화이다. 땅과 하늘ㆍ바람ㆍ대양ㆍ낮ㆍ밤의 모든 게 의인화되었고, 신들은 그들이 사는 곳의 기본 원소들과 동일시된다.

낮과 밤의 끊임없는 연속과 별이 총총한 하늘의 회전이, 아득한 옛날부터 인간의 무의식 속에 새겨지고 원형의 창조로 이끈 것 같다.

4

소위 소크라테스 이전의 사유 시기는 신비주의와 과학 사이에서 흔들리는 가장 높은 지점에 있었던 듯하다. 우리는 신화와 논리학으로 갈라지는 강의 분기선에 있다. 우리는 기억에 관한 이 작업 속에서 몇몇 철학적 경향들의 안내를 받았다. 언제나 일자와 다자 사이의 불확실한 대립으로 소개되는 그리스 사유에 대한 해석은 계속해서 아리아드네의 실패 역할을 할 것이다.

몽상가도 음유 시인도 아닌 고대의 자연철학자들은 산문시로 생각을 표현하는데, 그들은 어떤 이야기의 실마리를 푸는 게 아니라 자연 현상들과 코스모스의 구성에 관해 설명해 주는 이론을 전개하려는 목적에서 쓴다. 자연의 실재들이 어떤 일정한 질서를 표현한다고 해도 그것은 자신의 왕국에서 영토와 직·지위·특권들을 분배하는 한 군주와 같은 방식으로 유혈 투쟁 끝에 최고의 어떤 신이 다른 신들과 자연에 그 질서를 강제로 부과하기 때문은 아니다.

밀레투스학파의 자연철학자들은 수많은 가상들 뒤에 있는 만상의 원리들, 즉 원질(아르케)을 추구하는데, 바로 이것 위에서 우주를 구성하는 다양한 원소들의 올바른 균형이 세워진다. 질서가 이해되기 위해서는 그 시초부터 수정까지 자연에 내재하는 하나의 법칙으로서 사유되어야 한다.[6]

현재의 상황을 이해하기 위해서는 원리들과 원인들이 필요하다. 그리스의 신들은 분명하게 원인이었다. **기원**에 관한 모든 문제들을 풀어야 할 책임이 있는 그들은, 헤시오도스의 《신통기》(진정한 신들의 싸움인)에서 볼 수 있듯이, 어떤 존재의 동기를 설명할 때마다 개입한다. 신적인 **몬아르쉬**(유일한 원리)가 **아르케**(자연의 최초 원리)로 변한다.

자연철학자들이 때로는 물에, 때로는 공기에, 또 때로는 무한(불확정)에 비교했던 이 신비롭고 중요한 **아르케**(원리) 속에서 존재론적인 단일성에 대해 추구했던 것과 동일한 것을 우리는 이오니아의 사유의 여명기에 목격한다. 아낙시만드로스가 처음으로 우주의 형태와 생성에 대해 전체적으로 조망하기에 이른다. 그는 모든 감각적 직관을 넘어서 무한론의 견해를 표명한다.

"아페이론은 무한정한 것이고 잠재적인 모든 것을 포함하는 질서 없는 무(無)인데, 이것을 통해서 만물은 대립쌍들의 차별에 의해 존재와 생성에 이를 수 있다. 마찬가지로 만물은 일단 순환 주기를 완성하면 이 아페이론으로 돌아간다."

이후 여러 시기에 나온 개념들에 대해 알아보지는 않을 것이다. 여기서 아페이론과 양자론의 진공을 비교하기는 어렵다. 양자론의 진공은 필요한 시기에 다시 언급할 것이다.

---

6) 원소·우주·원리들은 물리학적인 우주론을 정당화하고 주장하는 데 언제나 중심이 되는 용어들이다. 물리학에서 영원은 그것의 근거를 제공하는 법칙이다. 법칙은 존재하는 모든 것을 지배하고, 시간의 흐름에도 변하지 않는다. 우주의 초팽창이라는 신기한 사건을 배제해야만 할까? (나도 확신이 안 선다.)

5

우리는 엘레아라는 도시 근처 남이탈리아에서 이전의 전통과는 완전히 단절되는 듯한 사변적인 이론들을 내세우는 새로운 학파를 만난다.

파르메니데스와 그에게 직접적인 영향을 끼친 크세노파네스는 모든 신인동형론과 상대주의를 물리치며, 다자를 단순화하고 통합하는 흐름을 지고의 한 원리(존재자)의 빛남과 동일시한다. 이 지고의 '존재자'는 감각적 현상들의 한없는 흐름의 형이상학적인 규범과 준거로 간파된다. 사물들의 투명성이 직접적이고 분명한 이해를 가능케 한다. 동일하고 일의적인 일자, 이것은 일종의 논리적 공현(公現)에 의해 드러난다.

존재의 영원성에 대해 숙고한 사람은 크세노파네스였지만, 그것을 명료하게 논증한 이는 파르메니데스였던 것 같다. 그는 존재를 다자가 아니라 일자로 정하고서, 자신의 사유를 가다듬고 정리하며 마치 단칼로 베듯이 정확히 그 접합부에서 두 개의 세계를 나누는데, 어쨌든 그 접합부는 인간 안에서 발견된다. 그는 진실과 감각적인 것의 대립에서 오는 고통이 가장 격렬한 곳을 자른다. 면도칼의 단순성으로.

지식의 하늘에서 천체들의 제방! 우리는 서구 역사에서 이성에 의한 과학적 사유의 탄생과 형이상학적 인식의 첫 발현을 목격한다.

엘레아의 파르메니데스는 그 존재자에게 신이라는 이름을

부여하지 않지만, 그가 그것에 부여한 특징들이 후에 신 또는 물질에 속성으로서 일률적으로 적용된다. 그것은 그렇게 된 것이 아니고, 그것은 그렇게 **존재한다**. 그것은 존재하지 않을 것이고, 그것은 불멸한다.

> "있는 것은 있다고, 말하며 생각할 필요가 있다. 왜냐하면 있는 것은 있고, 없는 것은 없기 때문이다."

있는 것과 없는 것 사이에 근본적으로 다른 대안은 없다. 있는 것은 전적으로 있거나 전혀 없어야 한다. 있는 것은 하나이고 어디에서나 동일하다. 그것은 전체이면서 유일하고, 이끝에서 저끝을 관통해서 완성하였으므로 자기 완성을 추구하지 않는다. 있는 것은 처음부터 있었고 일자, 곧 자기 자신과 동일한 것으로 이해된다. 그것은 구형[7]이고,

> "불변하는 그것은 기원도 끝도 없이 강력한 끈의 경계 내에 있다."

여기에서 완전[8]은 유한성과 이 유한성 안에서의 연속성으로 이해된다. 이 있는 것에서는 모든 운동과 변화가 제외된다. 파르메니데스의 가정이 유일성의 문제를 해결한다. 곧 어떤

---

7) 시칠리아의 명문 출신 엠페도클레스는 파르메니데스에게서 구형의 이미지를 이어받아 그것을 하나의 신, 스파이로스로 변형시킨다. 조화 상태에 있는 스파이로스는 "몸도 인간의 머리도 (…) 갖고 있지 않다."

형태가 단 하나만 존재할 수 있다면, 우리의 우주는 자신의 분
야에서 유일하다.

파르메니데스의 **일자**는 그 원소들로 분해할 수 없고 변환도
불가능하다. 그렇다면 그것에 대해 우리는 무엇을 말할 수 있
는가? 그것은 존재하고 지속된다는 점이다.

공간과 물질에 대한 엘레아학파의 명시는 기계 장치가 움직
이는 부분들과 그 부분들 간의 연결을 요하기 때문에 모든 기
계론, 따라서 모든 인과성*을 거부한다. 엘레아학파의 근본적
인 사유는 무엇보다도 구속적인(상반되는 것이 아니라) 사유의
형식적 측면을 강조하며 철저한 일원론에 속한다.

"없는 것은 없는 것이다"는 두 가지의 해석, 곧 논리학자들
과 형이상학자들의 해석에 적합하다. 논리적인 측면에서 파르
메니데스는 배중율을 가정한다. 곧 **A**는 비(非)**A**와 다르다. 그

---

8) 이러한 **시공간의 완전**은, 우주의 등방성* · 균질성과 고정적이고 불
변하는 특성을 가정하는, 우주론의 대전제하의 현대 우주론에서 부분적
으로 발견된다.
우주론의 대전제는 관찰에 기초한 우주론이 아직 초기 단계에 있을 때 채
택된다. 현재의 자료들은 우주의 소규모 프랙털 운동과 대규모적인 균질
성 사이의 점차적인 변화의 양적 이미지를 제공한다.
이러한 기하학적인 기록 속에서 완전은 원형성과 동일한 자리로의 회
귀, 영원한 회귀와 같이 다른 것들에 의해 고안될 것이다. 원에서 나온 이
무신론적인 비유는 그리스도교 신학의 선적인 시간의 교리와 잡아 늘여지
고 확장되며 선적인 완전으로, 곧 창조에서부터 '시간의 끝'(세상의 종말)
의 실현으로 향하며 독특한 사건들로 점철된 벡터로서의 생성에 대한 생
각과 대비된다.

것은 있는 것이든 다른 어떤 것이든 별로 중요하지 않다. 이러한 사유는 존재=+비, 아님(부정)=-인 $(-) \times (+) = (+) \times (-)$에 의해 대수학의 용어로 표현될 수 있고 수학에 가깝다.

카를 야스퍼스가 썼듯이 "구속적인 사유의 형식적 측면을 강조하는" 논리가 우선 부각된다. 그러나 엘레아학파의 근본적인 사유로부터 곧장 비존재의 형이상학적인 환영이 떠오르며, 이것은 그때부터 줄곧 서구 사상에서 떠나지 않는다. 파르메니데스는 철저하게 부정하지만, 그의 계승자들은 비존재가 어떤 면에서 존재하는지 그렇지 않은지를, 중간에 있기를 무릅쓰고서 탐구한다. 그것도 필사적으로.

플라톤은 파르메니데스의 표현들을 완화해서 그를 영원히 후세에 전한다. 플라톤의 학설에서 참학문은 창조되지 않고 원래부터 존재하며, 시작도 끝도 없는 부동의(안정된) 존재를 대상으로 한다. 플라톤은 그것에 따라서 모든 것들이 만들어지는 원형을 추구하는 데 끊임없이 몰두했다.

절대적 존재, 유일한 존재, 창조되지 않은 존재, 불사의 존재가 우주에 있을까?

엘레아학파의 순수 관념론의 계승자인 플라톤은 무엇이건 실험과 비슷한 것은 전혀 실행할 생각을 하지 않았다.

역시 극단적으로 라이프니츠는 초월적인 존재(《사물들의 근원에 대하여》 참조)가, 스피노자는 내재적인 존재가 존재함을 주장한다. 예언자들이 종교 안에, 곧 위대한 태초(그들이 주장하

듯)에 관한 순진함 속에 있다면, 파르메니데스와 라이프니츠 ·
스피노자는 합리성의 원 안에 있다. 너무 지나치더라도 이성적
인 사변은 시적인 상상력 혹은 영감의 남용보다는 덜 해롭다.

6

레우키포스와 데모크리토스의 원자론은 파르메니데스로부
터 시작된 존재자에 관한 이론을 사색하는 과정에서 나왔고, 형
이상학적인 기원을 가진다. 이 압데라학파는 엘레아학파의 연
속이면서 더 나아가 현대로 이어진다. 원자 이론은 두 개의 기
본적인 실재들, 곧 원자들과 진공으로 이루어진다. 본질적으로
이원론적인 이 주장은 존재(미립자)와 비존재(진공)를 맞대 놓
는다.

존재하는 모든 것의 재료이고 유일하며 영원한 기본 입자, 곧
데모크리토스철학의 원자는 파르메니데스의 일자가 잘게 나누
어진 것이다. 탄생도 죽음도 없고 보이지 않으며 파괴할 수 없
는 이것은, 존재의 속성들을 가지고 있으면서 진공과 연결되며
운동의 존재를 정당화한다. 엘레아학파의 일자가 동질의 가루
들로 부서진다. 원자와 진공 외에는 아무것도 존재하지 않으며,
나머지는 주석이다. **현실 세계 전체를 지각할 수는 없다(볼 수
는 없다)**.

데모크리토스는 이미 존재하거나 혹은 발생하고 있는 모든
존재들의 형성이 예측 불가능한 운동들의 연속에 의한 것이기

를 바란다. 궤도들이 서로 교차할 수도 있다. 원자들은 소실이 예정된 물체들을 상호 접촉에 따라서 구성하며 선회한다. 그의 원자들은 무게가 나가지 않는다. 아리스토텔레스는 그가 운동의 원인을 원자들의 속성 내에서 찾지 않은 점을 비판한다.

부드러움과 씁쓸함, 색깔 등이 '관습'(독사)에 의해 존재하는 반면에 진짜 인식의 유일한 대상들인 원자들과 진공은 '진리'(알레테이아) 안에 존재한다고 그는 말한다. 곧 이것은 엘레아학파의 의견과 진리의 구별을 다른 시기의 언어로 새롭게 번안하고 해석한 것이다. 비존재가 존재를 낳을 수 없으므로 이것들은 서로를 낳을 수 없고 사라지지도 않는다.

엘레아학파는 현상들을 무시하며 정신착란에 이를 위험을 무릅쓰고(리세의 교사가 말하듯) 존재자, 즉 순수하고 완벽한 일자의 절대적인 단일성과 부동성을 주장했다. 존재자에 대한 이들의 주장은 엄격함이 부족했다. 바로 이 부분에 아리스토텔레스는 자신의 스승 플라톤과 마찬가지로——그리고 그들 이전의 레우키포스와 데모크리토스도——가장 큰 노력을 기울인다.

원자론자들은 감각적 경험과 타협하는 엘레아학파의 논리적 도취를 경계한다. 원자론자들은 다원성과 변화, 생성과 변화를 어떤 수를 써서라도 지키려 한다. 그러나 이들은 다른 한편으로 존재에는 진공이 없고, 진공은 운동에 필수적이라는 엘레아학파의 주장을 인정한다.

물리적 필연성의 관점에서 비존재(진공)는 존재(원자)와 동등하다. 따라서 진공은 운동의 실재성이 인정되므로, 존재와 마주하여 그것만큼 실재하는 어떤 것(존재)을 구성해야 한다. 레우키포스와 데모크리토스의 관점에서 존재는 너무 작아 분할이 불가능한 무한히 많은 입자들, 곧 무수히 많은 비가시적인 것들이다.

이렇게 해서 파르메니데스는 원자론자들의 선구자로 여겨지며, 원자론자들은 부동 상태의 방해물을 뛰어넘고 일자를 (분할할 수 없는) 아주 작은 것들, 즉 원자들로 주조하여 한 줌씩 진공 속으로 던진다.

아무것도 없는 공간인 진공은 존재자, 곧 창조되지 않고 원래부터 존재하며 영원한 '공 모양의'(다시 말해 균일하고 등방성의) 일자의 속성들을 간직한다. 아인슈타인에 의해 재해석된 파르메니데스의 존재자는 시공(時空), 곧 우주이다. 앞으로 보게 되겠지만, 아인슈타인은 파르메니데스의 학설을 따르며 항구적인 우주론의 도움으로 공간을 영원 속에 고정시키지만, 허블은 공간의 전개 혹은 팽창을 발견하여 공간을 움직이게 한다. 이 **논리적 본체**의 기이한 속성을 이해하는 유일한 방법은 그것을 연장(延長)으로 생각하는 것인데, 이 연장의 지적 본질은 불가시성과 계속성(우주론의 원리*)이다. 이것은 후에 데카르트의 연장과 아인슈타인의 시공이 된다.

7

기원전 6세기, 소아시아 연안에서 마침내 과학 용어가 비약적으로 발전한다. 막 싹트기 시작한 합리성에 제기된 첫 질문들은 코스모스와 존재에 관한 것들이었다. 기원전 4세기에 플라톤과 아리스토텔레스의 이론들에 의해 빛을 발하게 된 그리스의 과학적 사유에 새로운 변화가 일어난다.

피타고라스학파로부터 큰 영향을 받은 플라톤은 여러 저서들에서 수학의 중요성과, 자연을 탐구하는 데 있어서 수학의 핵심적인 역할을 강조한다.

그는 《티마이오스》에서 자신의 우주론을 설명하고 과학적인 접근 방법을 전개한다. 플라톤은 참되고 확실한 학문, 즉 자신의 이데아 이론만을 인정한다. 끊임없이 변하는 물질적인 세계를 묘사하는 다른 모든 학문들은 기껏해야 **그럴 듯한** 설명들만 생산할 수 있다. 그것들은 우주와 그 안의 만물에 관해 최선의 경우 그럴 듯한 그림에 도달할 수 있을 뿐이다.

이 그럴 듯한 이야기의 모범적인 예시가 《티마이오스》 속의 물질에 관한 기하학 이론이다. 여기서 플라톤은 과학 언어로서의 수학에 대한 자신의 생각을 전개한다. 우리가 높이 평가하는 이 이론이 수학의 상징과 관계들을 이용하여 물리적인 현실 세계를 설명하는 물리수학의 시초이다.

8

플라톤은 우주가 네 개의 원소들, 불·물·공기·흙으로 만들어졌음을 당연하게 받아들인다. 그런데 본질적이고 기본적인 구성 요소들이 존재한다면, 그것들은 수학만큼 완벽해야 할 것이다. 플라톤은 이 기본 원소들을 가장 완벽한 기하학의 물체들, 그 당시에 알려져 있던 다섯 개의 정다면체들 중의 네 개와 대응시키는데, 이것은 관념적인 형태와 가장 비슷한 요소들에서부터 세계를 형성하려는 그의 욕구에 부합한다.

다음의 다면체들은 빗변은 같지만 두 개의 다른 변을 가지는, 이등변삼각형(I)과 부등변삼각형(S)의 두 가지 직각삼각형에서부터 구성된다.

원소 하나와 하나의 다면체가 연결된다. 곧

불: 각뿔(24S)

공기: 8면체(48S)

물: 20면체(120S)

흙: 정육면체(924I)

다면체의 면들은 각각 6개의 부등변삼각형과 6개의 이등변삼각형으로 구성된 정삼각형이거나 정사각형(흙의 경우)이다. 불은 4개의 정삼각형으로 나누어지는 각뿔(삼각뿔)이고, 공기는 8개의 정삼각형으로 나누어지는 8면체, 물은 20개의 정삼각형으로 나누어지는 20면체이다.

이러한 대응으로부터 변환의 법칙을 나타낼 수 있다. 곧 하나의 원소는 다른 원소로 변환된다.

이 법칙은 두 종류의 삼각형의 수가 변하지 않음을 전제한다.

두 종류의 기본적인 삼각형들은 파괴될 수도 새로 만들어질 수도 없다. 그 어떤 변환중에도 각각의 삼각형의 수는 보존된다. 그리고 직각삼각형과 같은 종류로 구성된 (견고한) 다면체들에 대응하는 기본 원소들은 그것들끼리만 변할 수 있다.

이러한 공리는 현대 물리학의 기초 중의 하나인 양자수 보전의 공리와 비교된다.

변환 방정식의 몇 가지 예를 들어 보면 다음과 같다.

불 1개=정삼각형 4개(T)
불 2개=공기 1개=8T
불 1개+공기 2개=물 1개=20T

그래서 물이 불로 변할 수 있다. 물·공기·불은 서로 바뀔 수 있지만, 흙은 그 종류에서 유일하기 때문에 분해의 과정만 겪는다. 곧 흙은 변질되지 않는다.

흙은 안정과 부동이 지속되는 정육면체이다. 불은 운동성 때문에 각뿔이다. 움직이는 것은 구이거나 각뿔이다. 이러한 흙의 단독성에 아리스토텔레스는 거부감을 느끼고 즉시 추론 과정의 비약을 알아차린다. 기본적인 삼각형들의 산술적인 조합을 통해 물이 공기로 변환된다면(20개의 정삼각형 대 8개), 두 개의 공기(8×2)가 얻어질 것이다. 20-16=4, 곧 여기서 남은 4는 아무데도 쓰이지 않고 **미결 상태로 방치**된다. 이것은 비합리적이다. 따라서 각각의 단순한 물질에 하나의 형상을 부여하려는 시도는 비논리적임이 선언된다.

플라톤의 결정체들은 아리스토텔레스의 비판 속에서 용해된다. 그렇지만 플라톤의 이성적 사유 속에 놀라운 전조가 보인다고, 뤽 브리송과 발터 메이에르스테인은 조예 깊은 저서《우주를 고안하다》에서 지적한다. 우주 공간은 통째로 간단한 수학적 원소들(그리고 질료들)로 축소될 수 있다. 이 원소들은 최초의 것들이 아니고 삼각형들로 구성되어 있다. 삼각형 자체가 '원자적'이다. 다시 말해 분할할 수 없다(그러나 우리는 삼각형이 직선들로 구성되어 있음을 알고 있다. 물론 나는 여기서 분리할 수 없는 세 개의 쿼크*로 이루어진 양자의 은유를 안다). 이러한 질서, 즉 코스모스에 대한 수학적 표현은 우주를 묘사하는 데 있어서 공리로 채택된 대칭에 근거하면 가능해진다.

《티마이오스》는 완전히 수학적으로 처리된 물리적 우주의 모형을 제시하는데, 이것이 그 기본적인 공리들을 공유하는 빅뱅 이론의 원형이 된다.

다음의 두 모형은 세계는 하나의 수학적 코스모스라는 가설에 근거를 둔다. 곧

1. 우주는 하나의 코스모스이다.

2. 우주는 간단한 상호 작용들에 의해 단순한 원소들로 환원될 수 있다.

브리송과 메이에르스테인에 의해 거부된 12개의 전제들 중에 특별히 중요성을 띠는 한 가지, 곧 저자들이 소개하는 순서에 따라서 열두번째인 핵심 전제가 있는데, 그것은 이성의 매개물로서 수학적으로 구성되어 있는 세계의 영혼이다. 플라톤은 현실을 존재의 영역과 변화의 영역, 둘로 나누었다. "우리는 존재의 영역에서 드러나는 관념적인 형상들의 이미지들만 관찰할 수 있다." 감각적인 세계는 시간 속에 있다. 그것은 관념적 세계(이데아들, 영원한 것)의 이미지일 뿐이다. 감각적인 세계에 속하는 시간은 영원성의 이미지일 뿐이다. 이미지는 끊

임없이 변한다. 시간은 짧고 계속되는 수의 법칙을 따라 앞으로 나아가기 때문이다.

변화의 척도인 시간은 다음과 같은 두 가지 특성을 보인다. 시간은 하나의 **이미지**이고 **수치로 나타난다**. 단일성/영원이라는 이원론의 이미지는 시간/다양한 수들의 이원론이다.

"우주를 설계한 데미우르고스는 늘 단일한 영원을 모방했다. 수의 법칙에 따라 앞으로 나아가는 이 영원한 복제물을 우리는 시간이라 부른다."

플라톤, 《티마이오스》

시간은 세계의 본체와 분리될 수 없는데, 시간적인 척도(천체들의 운동)가 천체들의 공전에 의해 제시되기 때문이다. 감각적인 세계는 시간 속에서 야기될 수 없다. 감각적인 세계 자체가 시간을 낳기 때문이다. 감각적인 세계와 시간은 동시에 존재한다. 감각적인 세계 이전에 시간이 있을 수도 없다.

시간은 하늘과 함께 태어났다. 시간은 세상과 함께 시작되었다고 성 아우구스티누스가 말했다. 시간과 세계의 동시성은 "세계 이전에 무엇이 있었나?"라는 질문의 근거를 없앤다.

9

천체들의 운동에 관한 플라톤적인 접근 방법에서는 땅과 하늘 사이에서 우주를 달 아랫부분과 달 윗부분으로 나누는 이분법적인 밑그림이 발견된다. 이러한 하늘의 중간 휴지(休止)는 수세대를 거치는 동안에도 사람들의 정신 속에 영원히 남는다. 안타깝게도 이것은 갈릴레이에 의해 바로잡힐 때까지 과학의 발달을 늦추게 된다. 오늘날 천체물리학자들, 하늘의 수선인들은 여기에 있는 것들, 곧 원자들과 법칙, 검은 물질, 양자역학의 진공은 저기에 있는 것들과 마찬가지로 있고, 여기에 없는 것들은 그 어디에도 없다고 계속해서 주장한다.

아리스토텔레스 자연학의 또 다른 측면이 플라톤의 우주론 속에서 모습을 드러낸다. 미리 계획한 대로 우주를 창조한 데미우르고스의 비유 안에서 분명하게 설명된 자연 현상들에 대한 목적론적 접근 말이다. 그러나 아리스토텔레스의 신은 데미우르고스 같은 것은 아니다. 사물들의 목적은 신적인 어떤 장인에 의해 의식적으로 계획되고 짜여진 게 아니다. 운명은 각각의 구조 속에 새겨져 있는 사물들의 궁극 목적, 즉 목적인의 의미로 이해되어야 한다.

가톨릭 신학의 출현과 함께 천지창조설은 여전히 신적인 장인(고안자)의 이미지에 영향을 받게 되는데, 이번에 신적인 장인은 이미 존재하는 질료의 개념에 호소하지 않고 설명된다. 신은 'ex nihilo,' 곧 무로부터 세상을 창조한다. 천지창조는 전적으로 신비한 사건, 인간의 탁월한 유비가 된다.

아리스토텔레스는 진공이 존재한다는 사실을 수많은 이유들을 들어 절대적으로 부정한다. 그가 생각하는 주요한 이유들 중의 하나를 들면, 발생하는 모든 것은 그 사건이 일어나는 환경

에 의해 결정되기 때문이다. 사건은 **어떤 것 안에서** 일어난다.[9]

물리적 환경, 다시 말해 다른 물체들과의 관계 속에서의 장소로 공간을 규정하는 기원이 여기에 있다.

아리스토텔레스는 시간을 '앞과 뒤로의 운동 수'로 정의했다. 시간이 수로 헤아려지는 것이다. 아리스토텔레스는 운동의 지속 기간, 움직이는 물체들의 총량과 움직인 거리를 자신의 운동 이론 속에 연관짓는다. 그는 운동 법칙에 관해 양적인 공식을 처음으로 제시하는데, 이것이 뉴턴에 이르기까지 전형이 된다.

시간의 본질에 관한 통찰력 있는 분석에서 아리스토텔레스는 과거와 미래 사이를 흐르는 끊임없는 흐름 속에서의 일회적인 **현재**를 명확하게 규정하고 고립시킨다. 이 현재는 질적이고 양적인 변화(변환)들뿐만이 아니라 위치의 변화를 포함하는 운동의 개념에서 완전히 분리될 수 없다. 4원소는 감지될 수 있는 네 가지 성질들(두 개의 대립 쌍들, 곧 더움/추움과 건조함/축축함)의 조합들인데, 이것들은 어떤 기층의 지속적인 상태들을 가리키기도 한다.

일상의 삶 속에서 예를 든다면 더 쉽게 이해될 것이다. 기후는 덥고 습한 공기와 건조하고 찬 공기 사이의 전이 이론으로 설명될 수 있다. 한 원소가 다른 원소로 전이되는 현상은 하나의 성질에 의해 다른 어떤 성질로, 어떤 상태에 의해 다른 어떤

---

9) 여기서 우리는 어떤 사물이 자신이 존재하지 않는 곳에서 움직이는 현상을 설명하는 장 개념의 전조를 볼 수 있다.

상태로 변하는 것으로 설명될 수 있다. 모든 변화(창조 · 변동 · 소멸)는 점진적인 상태의 것일 뿐이다.

무거운 물체들(흙과 물)의 자연스러운 위치는 지구의 중심에서 가능한 한 가까운 곳(그래서 이 물체들은 아래로 떨어진다)인 반면에 가벼운 물체들(불과 공기)의 자연스러운 위치는 달과 지구 사이의 하늘과 달 위 하늘 사이의 경계이다. 그러므로 평범한 물질의 자연스러운 운동은 지구가 중심을 그리고 달은 주변을 점하는, 물질계의 한정된 차원에 의해 직선 운동이고 유한적이다. 반면에 다섯번째 원소, **제5원소**의 자연스러운 장소는 상부 하늘이다. 그것의 운동은 원운동이고 영원할 수밖에 없는데, 이것은 에테르의 영원한 특성과 질적인 중립성(이것은 덥지도 차지도, 건조하지도 습하지도 않다)을 기하학적인 형태에 반영한다.

아리스토텔레스의 우주는 시간적으로 무한하지만 공간적으로는 한정되어 있다. 그것은 지구가 중심인 하나의 구체이다. 행성들은 방사상으로 점점 커지며 층을 이루는 수정구들에 박혀 있다. 마지막 구는 움직이지 않는 별들의 것이다. 이러한 우주 공간은 다섯 개의 원소들로 구성된 물질의 연속체이다. 흙과 물 · 공기 · 불이 달과 지구 사이의 지역을 점유한다. 다섯번째 원소, 에테르는 하늘에 있으며 하늘에 영원성(에테르)을 부여한다.

“실제로 지나간 시간의 흐름 속에서, 시대를 거치며 전달된 전통과의 조화 속에서 가장 바깥쪽의 하늘 **전체**나 그 부분 어디에서도 조금의 변화도 확인되지 않았다.”

하늘은 불멸하고 불변하는 것으로, 잘라 말해 **시간을 초월**하는 것으로 여겨진다.

“그러한 이유로, 제1의 물체는 흙이나 불·공기·물과 다른 어떤 것이라는 생각 속에서 고대인들은 가장 높은 곳에 에테르라는 이름을 붙였는데, 그것이 시간적인 영원 속에서 영구히 흐르기 때문이다.”

현대의 우주론에는 에테르와 미세한 유체들이 풍부하다. 우주 상수와 제5원소, 양자역학의 진공, 검은 물질들 말이다.
수정구 이론은 세계를 통합하는 하나의 이론을 구성하려는 철학자의 욕구와 현실주의적인 접근으로 등장했다. 이 점에서 아리스토텔레스는 논리학과 물리적 우주론의 창시자이다. 곧 에우독소스와 칼리프의 구들은 행성들의 ‘현상들을 보전’하고 떠돌아다니는 천체들의 복잡한 운동을 단순한 등속도 운동으로 단순화하여 마련된 기하학적인 수단들이었던 데 반해, 아리스토텔레스는 구들을 제5원소, 즉 에테르로 이루어진 물질적인 개체들로 변형시켰다. 이것은 쉬운 일이 아니었다. 그는 빠르게 회전하는 태양과 인접한 구와의 마찰 결과로서의 태양열을 설명해야 했는데, 이것은 성질이란 것이 없는 태양에게 자신의 실체를 주는 에테르가 뜨거울 수 없다는 사실에 의해 불가피한 일이었다.

10

최초의 자연학자들은 오직 **자연**과 **존재**에 대해서만 관심을 가졌다. 그후에 소크라테스가 나와서 덕을 생각해 낸다. 그리고 수세기 동안 서양은 그것의 겉모습인 유일한 빛 속에서 환해진다. 철학은 도덕과 정치로 변색된다. "철학은 하늘에 있었는데 소크라테스가 그것을 지상으로 끌어내렸다"라고 플라톤은 말한다. 아리스토텔레스는 이러한 철학을 다시 제자리로 올려 놓는다.

쉽게 표현되는 아리스토텔레스의 우주 형상지는 천체들의 드러나는 운동에 의한 우주에 대한 경험적 묘사 그 이상이다. 그것은 천체구들 및 그것들의 운동, 지구에 미치는 영향력을 다루면서 상당히 조리 있고 철저한 **세계의 체계**에 의해서 경험적인 자료들을 해석한다.

여기서 나의 목적은 덕을 옹호하는 것이 아니며, 상대성 이론에 맞는 현대 물리학의 우주론과 관련된 방정식들의 증류주를 내놓기 전에 순전히 성질에 관한 아리스토텔레스의 우주론적 사유의 고상함과 정확함을 맛보게 하는 데 있다. 초기 우주론의 영구적인 성공은 그것의 일관성과 감각적인 세계에 대한 적합성에 기인한다. 그것은 확실한 원칙들, 논리학에 토대를 두었던 것이다.

(뒤에 오는 분류법은 임의적인 것으로, 나의 기호에 따라 소개한다. 원리 혹은 공리들은 대부분 《천체 개론》에서 수집하였는데,

논리적인 순서는 내가 정했다.)

1. 불가능한 일은 어느것도 실현되지 않는다.
1'. 자연은 사리에 어긋나는 일도, 헛된 일도 하지 않는다("니체는 이러한 일방적인 결정에 항의한다").
2. 무한을 관통하기란 불가능하다.
3. 하나의 물체에는 단 하나의 운동만, 단순한 물체에는 단순한 운동만 존재한다.
3'. 대립되는 것들은 서로 연관이 있고, 하나가 주어지면 그 역 또한 주어진다.
4. 대립되는 것들은 상호 작용하고 서로 파괴한다.
5. 자연을 거스르는 것 중에서 영원한 것은 하나도 없다.
6. 자연스러운 운동은 자연을 거스르는 강제적인 운동과 대립된다.
7. 표명은 결여 이전이다.
8. 부동은 운동에 앞선다.
8'. 완전(혹은 그것과 유사한 것)은 불완전에 앞선다.
8''. 각각의 유형에서 하나가 다수에, 단순한 것이 복잡한 것에 앞선다.

원운동은 자연스러우며, 그렇지 않으면 원운동은 영원할 수 없다. 흙은 세계의 중심에 부동 상태로 존재해야만 한다(5에 따라서). 흙이 존재한다면 그것과 대립되는 불도 존재해야 한다(3'). 어떤 물체가 영원히 움직인다면(이 영원한 운동은 제5원소

혹은 에테르인데, 이것의 존재 증명은 운동 이론에서 나온다) 필연적으로 다른 하나의 물체는 부동 상태에 머물러 있어야 하므로 흙은 존재해야 한다.

가볍고 가장 빠른 운동이 불의 특권이며, 무거움과 부동 상태는 불의 결여일 뿐이다. 이처럼 아리스토텔레스는 추론한다.

논리적으로 생각해 볼 때 불은 흙에 앞선다(8'). 흙이 주어졌다면 불도 또한 존재해야 한다(흙에 대립되는 것, 3'). 따라서 흙이 있음은 불이 있음으로써 설명되고, 공기와 물의 존재는 이 두 원소들이 처음의 원소들과 맺는 대립 관계에서 유래한다. 실제로 불과 흙이 존재하면 물과 공기도 마찬가지로 존재할 필요가 있다. 왜냐하면 이 두 개의 중간적인 원소들은 다른 두 개의 원소들과의 대립 관계 속에 포함되기 때문이다. 실제로 흙은 불·공기·물과 반대된다.

아리스토텔레스는 흙과 불·공기·물이 존재함을 밝히고, 대립되는 것들은 상호 작용하며 서로 파괴하기 때문에(4) 그것들 중의 어느것도 영원할 수 없으므로, 이제는 그것들을 생성과 부패의 순환 속에 빠뜨린다. 그리고 "본래 영원할 수 없는 운동을 하는 어떤 동체가 영원하다는 것과 그 본체에 운동이 있다는 것은 이성적이지 못하다."

원소들은 직선 운동을, 따라서 단속적인 운동을 한다. **제5원소는 원을 그리며 영속적으로 움직인다.**

또 한편으로 아리스토텔레스는 원리 8'에 의해 제5원소에 시간상으로 첫번째 자리를 부여한다. "물은 흙 주위에, 공기는 물 주위에, 철은 공기 주위에 있고, 천체들은 고정된 구까지 층을 이룬다.”

바닥에 머무는 가장 무거운 것에서부터 다른 것들의 위로 나와 있는 가장 가벼운 것에 이르기까지 원소들의 서열화된 층은, 천체물리학자들이 방정식과 계산기를 사용하여 세운 별 모형들 속에서 세밀하게 발견된다. 거의 소멸해 가는 별의 단면은 철·규소·산소·탄소·헬륨·수소가 차례대로 동심원을 그리며 밀집해 있는 층들을 보여준다. 그러나 이것들은 삽입된 것들일 뿐이다.

4원소들은 연속된 게 아니라 단지 외부 천체들(4원소의 성질을 띠지 않는)과 인접해 있을 뿐인데, 그렇지 않으면 이것들은 운동을 공유할 것이다. 인접성은 중요한 중간 휴지의 가능성을 드러낸다. 곧 달과 지구 사이의 우주와 달 위 우주 사이의 중간 휴지, 하늘의 단일성을 깨뜨리는 철저한 단절 말이다. 4원소들은 시간과 변화의 영향을 받는 이 세상의 본질 자체를 표현한다. 그것들은 강제되었든 자유에 의했든 (자연적으로) 직선 운동을 한다.

제5원소의 원운동은 강제되지 않았기 때문에 영원하다. 모양이 둥글고(흙의 구형에 대해 증명하기 위해서는 너무 멀리 가야만 한다) 부동의 흙은 세계의 중심에 있다.

따라서 흙은 움직이지 않는다(흙에서 나오는 아치 현상이 움직이지 않는다고 후설은 철학적인 도전으로 말할 것이다). 원과 구의 우위를 증명하는 데에서 아리스토텔레스의 감탄할 만한 이론적 재간이 다시 한번 드러난다.

구형의 하늘은 선임자들, 즉 **모두 원운동 안에서의 이성적**

사유를 갈망하는 파르메니데스와 그의 제자들인 엘레아학파 그리고 플라톤에게서 받아들여졌다. 그러나 아리스토텔레스는 다른 사람들에게는 단지 상징일 뿐이었던 것을 이성 안에서 정당화하고 싶어했다. 닫힌 모든 도형은 직선이거나 곡선이다(나는 단지 옮겨 적기만 한다). 직선의 도형은 여러 개의 선들로, 곡선의 도형은 단 하나의 선으로 경계가 그어진다. 아리스토텔레스는 원칙 8''을 상기시키면서, 따라서 원이 '첫번째 도형'이라고 결론짓는다. 게다가 원은 시간의 연장 없이, 균열 없이는 침범할 수 없다. 공정한 "우리는 그것을 파괴하지 않고서는 아무것도 덧붙이거나 뺄 수 없다." 하지만 본성을 손상시키지 않은 채 끝을 마음대로 늘이거나 줄일 수 있는 직선의 경우는 그렇지 않다. 완전이 불완전에 앞서므로(8'), 원은 다른 도형들에 앞설 것이다.

처음에 원이 있었다. 3차원의 영역에서 구도 이와 마찬가지이다. 계속 아리스토텔레스에 따라서, 왜냐하면

"첫번째 도형은 첫번째 물체의 도형이고, 첫번째 물체는 가장 바깥의 원주에서 발견되는(가장 가볍기 때문에) 물체이기 때문이며, 원래부터 원운동을 하는 물체(에테르)는 구의 형태이고 마찬가지로 모든 물체들에 인접해 있을 것이기 때문이다."

아리스토텔레스는 원과 구를 결합시키는 쾌거를 완성한다.

"실제로 구와 인접한 것 역시 구이다."

차츰차츰 둥긂이 널리 확산된다. 따라서 우주 전체는, 그리고 그 안의 천체들은 구형이다. 마지막 구 너머에는 '진공도 장소도' 없다. "빅뱅 이전에 무엇이 있었는가?"라는 끝없는 요구를 종결시키기 위해, 이 유리한 공식을 빅뱅이라는 현대적 맥락에 적용할 방도를 찾고 있다고 생각할 수 있다. 여기에 우리는 '진공도 공간도' 없었다고 응수해 볼 수도 있을 것이다. 그러나 최초에 진공이, 양자역학의 진공이 있었을지도 모르기 때문에 그렇게 대답하지는 않겠다. 다시 처음으로 돌아가 보자.

11

데모크리토스는 수원이며, 여기서 에피쿠로스는 물을 길어 자신의 작은 정원에 물을 주었다. 에피쿠로스는 원자에서 데모크리토스의 성질을 없애고 본질적인(필연적인 운동원) 중량과, 이 중량을 상쇄하기 위해 독창적으로 **클리나멘**(우발적인 운동원)을 덧붙인다. **클리나멘** 혹은 자의적인 운동은 원자들의 낙하 운동에서 접촉과 결합을 가능케 하는 갑작스럽고 예측 불능의 방향 전환이다. 에피쿠로스는 원자들의 끊임없는 빗나감에 기초한 역학에 (자유로운) '자유 의지'라는 양상을 도입한다.

에피쿠로스의 철학은 루크레티우스의 《사물의 본성에 관하여》라는 교훈시에 묘사된다. 에피쿠로스가 죽은 지 250년이 지나 씌어진 이 작품은 원자론의 본질 자체를 우리 눈앞에 펼치고, 작품의 시적 형태에도 불구하고 문제들을 설명하는 데 있어서 명료성과 정확성이 조금도 떨어지지 않는다.

"진공 속에서 원자들이 그 중량에 의해 직선으로 내려온다. 그런데 언제 어디서인지는 말할 수 없지만, 그것들은 수직선에서 약간씩 벗어나게 된다."

따라서 원자는 어떤 우발적인 운동원을 가지고 있다. 현대에 재해석된, 에피쿠로스와 자신의 자연학을 아주 잘 묘사한 라틴 시인, 루크레티우스의 **클리나멘** 가설은 단속적이며 미미한 벗기기와 전이로 구성된 양자물리학의 훌륭한 도입부를 이룬다.

"이러한 일탈이 없다면 모든 것은 드넓은 진공을 가로질러 빗방울처럼 끝없이 떨어질 것이다. 거기서는 접촉이나 충돌도 없고, 따라서 자연이 뭔가를 새로 만들어 낼 수도 없다."

궁극적 목적이 없는, 신이 없는, 운명이 없는 우주에서는 기계적인 원인과 불확실한 일탈들만 작용한다.

"사물들 전체를 구성하는 흙덩어리·물·바람의 가벼운 입김, 불의 뜨거운 김, 이 모든 물체들이 태어나고 죽어야 하는 필연성을 알고 있으므로 전 우주도 이와 마찬가지라고 생각하자. (…) 따라서 우주의 거대한 부분들, 그 광대한 구성 부분들이 소진된 다음에 다시 생겨나는 것을 볼 때 땅에서와 마찬가지로 하늘에서도 최초의 순간이 있고, 최후의 파멸이 있을 거라고 나는 결론짓는다."

루크레티우스는 신을 인정하는 사람들을 논박한다. 물리학은 신들을 우주 저 멀리 쫓아 보내면서도 그들의 존재를 완전히 부정하지는 않은 채, 세계를 우연과 물질의 자연 법칙들에 넘긴다. 이러한 물리학은 단순하고도 슬프다. 빅토르 위고에 따르면

"루크레티우스는 암흑의 강 속에 잠겼던 이시스의 오래된 베일을 짜서 때로는 넘쳐흐르게, 때로는 한 방울 한 방울 우울한 시로 표현한다."

신들은 자신들의 본성에 의해서가 아니라 파멸을 초래할 수 있는 모든 것을 멀리하려고 의도했기 때문에 죽지 않는다고 주장하는 에피쿠로스학파를 플루타르코스는 비난한다.
알렉산드리아의 클레멘스는 이 동산의 철학자들을 다음과 같이 모욕했다.

"만일 사도 바울이 철학자들을 공격한다면, 그는 오직 에피쿠로스학파만을 염두에 둘 것이다."

에피쿠로스라는 돼지떼는 그리스도인들에게 불구대천의 원수일 것이다.
자연에 관한 그 해석의 철학적인 가치가, 그럼에도 불구하고 매우 큰 자리를 차지하는 에피쿠로스주의는 어떤 실제적인 확

인도, 그에 상응하는 경험에 기초한 적용도 염두에 두지 않은 채 설명하기 위해 설명하는 것으로 만족할 것이다. 무엇보다도 이것은 과학 전체가 해당될 수 있는 무지와 비이성이라는 일종의 마귀 쫓기의 문제인 것 같다.

12

상대적인 진실들을 옛 책들 속에서 알리며 되살리는 격언들을 한 권의 선문집에서만 선별하는 일은 오늘날 매우 유치한 방식일 수 있다. 거기서 오류들만 열거하는 일 또한 무의미할 것이다.

루크레티우스의 에피크로스주의는 감각적으로 실행 불가능한 교의를 내세움으로써 실수를 저지른다. 일례로 이 학파에서 태양이 눈에 보이는 것보다 실제로 더 크다고 인정되지 않는다.

"태양의 불타는 가시 표면은 우리의 오감에 나타나는 것보다 크거나 작을 수 없다. 실제로 얼마간 떨어져서 불은 우리에게 그 빛을 보내며 우리의 사지는 그 열기를 느낀다. 거리는 그 타오르는 덩어리로부터 아무것도 앗아가지 못하고 외관을 조금도 축소시키지 못한다. 그런데 태양이 내뿜는 열과 빛은 우리의 감각에 와 닿고 우리가 머무는 곳을 어루만진다. 따라서 그것의 형태와 색깔은 뭔가가 보태지거나 빼지지 않은 정확한 실재 그대로 우리에게 나타나야 한다."

앞의 글은 매우 아름답고 멋이 있으며 간결하지만, 틀린 글이다. 감각의 영역에서는 확실성이 보장되지 않는다.[10] 원근법은 물체를 인식하는 데 장애가 될 수 있다. 물체들이 내게서 멀어짐에 따라 점점 작게 나타남을 경험으로 배운 나는, 태양의 표면적인 지름이 발 하나의 길이로 보인다고 해도 실제로는 훨씬 크다는 결론을 이끌어 낸다.

13

아리스토텔레스학파의 자연학은 세계의 영원성을 명기한다. 반대로 성서는 세계가 **무(無)로부터** 창조되었다고 가르친다. 바로 이 부분에서 성서와 자연학 사이의 대립이 극에 달한다. 선택해야 한다. 그런데 어떤 것들이 기준인가?

"아리스토텔레스가 믿는 [세계의] 영원성을 인정한다는 것은, 자연의 어떤 법칙도 변하지 않고 습관적인 흐름에서 벗어나지 않도록 하기 위해 종교를 그 기초부터 전복시키고 모든 기적들을 당연히 거짓으로 간주하며 종교가 바라거나 두려워하는 모든 것을 부정하는 것이다."

---

10) 플라톤은 감각을 불신한다(아마도 좀 심하게).
다른 사람들이 소크라테스를 음악가라고 부르듯, 나는 내 마음대로 루크레티우스를 '플라톤적'이라고 명명하며 그가 여기 내 눈앞에 있다는 사실을 오늘 깨닫는다. 그는 이론물리학자인 것이다!

이보다 더 잘 표현할 수는 없을 것이다. 《혼란에 빠진 자들을 위한 길잡이》에서 마이모니데스는 두 적대자들을 말뚝으로 보내며 대담하게 뛰어올라 선택을 유보한다. 그리스 철학은 세계의 영원성에 대한 증거를 댈 수 없다. 즉 그것은 증명이 아니라 주장이기 때문이다. 성서의 텍스트는 **무로부터의** 창조를 하나의 현실로서 주장할 수 없다. 그리스 철학과 성서적인 신앙 외적인 기준의 관례에 따라서만, 곧 자연에 대한 신의 초월성에 의해서만 문제는 해결될 수 있다. 계시가 이성보다 더 강하다. 신은 논리적 우연성을 넘어 자유롭다. 따라서 어떤 원리도, 철학이나 물리학에서 으뜸 혹은 최고로 인정하더라도, 신이 **무로부터** 창조하는 것을 막을 수 없다. 이성적인 원근법의 직선은 이렇게 파괴된다. 기적의 한순간이 모든 분석과 이해, 인식에서 벗어난다. 결론적으로 천지창조는 비철학적이다. 마이모니데스의 글을 계속 읽어보자.

"그렇지만 우리가 설명한 두번째 의견, 곧 하늘 역시 태어났고 소멸한다는 플라톤의 의견에 따라서 영원성을 인정한다면, 이 의견은 종교의 근거들을 뒤엎지 못한다. 그리고 기적의 부정이 아니라, 오히려 그것의 인정 가능성이라는 결과가 뒤따른다."

플라톤은 아리스토텔레스보다 훨씬 더 종교와 어울린다.

"우리가 세계의 새로움을 인정하자마자 모든 기적들이 가능해진다는 사실을 알아야 한다. (…) 실제로 [세계의] 새로움이 증명된다면, 오직 플라톤의 의견에 의해서라 하더라도, 철학자들이 논박하기 위해 언급했던 모든 것이 무너질 터이다. 이와 마찬가지로 철학자들이 아리스토텔레스의 의견에 따라서 [세계의] 영원성을 증명하게 된다면 모든 종교는 무너지고, 우리는 다른 의견들에 부딪히게 될 것이다.”

그런데 결국 세계의 새로움은 빅뱅이라는 현대의 우주론에 의해, 말하자면 증명되고, 기적들은 반박된다.

14

그렇다면 이제 천사 박사, 토마스 아퀴나스의 영향을 받은 기독교 신학의 아리스토텔레스적인 경향은 어떻게 설명할까?

13세기 중세의 기독교 세계는 전례 없는 위기의 무대였는데, 그 원인은 그리스 철학의 대량 유입에 있었다. 아리스토텔레스주의의 억제할 수 없는 팽창은 학계와 소르본대학에 이르기까지 기독교 사상에 대한 하나의 위협으로서 감지되었다.

성 아우구스티누스는 중세에 플라톤의 이상주의에 대한 기독교적인 하나의 공식을 남겼다. 앎에 관한 정신적인 작업 속에서 인식에 관한 하나의 학설을 만들어 내는 데 몰두한 토마스 아퀴나스는, 타당한 철학적 종합의 출발점으로서 앎의 체계의 중요한 역할에 대해 매우 날카로운 견해를 펼친다. 우선적으로 **논리학**이 온다. 곧 이것이 가장 중요한 학과이고, 그래서 논리학은 학문의 이론 체계이다. 학문들의 학문 말이다. 아우구스티누스의 사상에 의하면 우선 경험의 대상인 자연을 연구하고, 이어서 수학의 단계로 올라가고 마지막으로 신에 대한 학문 혹은 신학이기도 한 제1철학(형이상학)의 최고 단계까지 날아올라야 한다.

그러나 신플라톤주의는 일자와 그로부터 출발하는 존재들의 발현에 대한 학문인 신학에 우위를 두는 흐름을 바꾸고 과정의 순서를 뒤집으면서 아리스토텔레스의 의도를 철저히 변경한다. 형이상학(존재자로서의 존재에 대한 학문)의 우위는 신플라톤주의의 기독교적인 원전, 즉 서양에서의 성 아우구스티누스에게서 찾을 수 있다. 토마스는 교수법으로 자신의 방식을 취한다. 철학의 초심자들은 우선 자연에 관한 철학(당시의, 이름을 부여하는 학문에서 분화되지 않은)을 공부해야 한다. 자연에 관한 학문에로의 입문은 젊은 철학자들을 교육하는 데 기본이 되는 것으로서, 현명하게 제안되었다.

토마스 아퀴나스는 신학적인 문제들을 아리스토텔레스철학의 이성적인 방법에 의거해서 재검토한다. 결국 그는 기독교 세계에 그 이름에 어울리는 철학을 부여한다. 원리들에 대한 아리스토텔레스의 위계가 기독교 질서 안에서 재편성되는 것이다.

이 천사 박사는 모든 사유 흐름의 합류점에 있다. 그는 그리스와 아랍의 신플라톤주의의 공헌으로 완성된 아리스토텔레스의 체계를 취한다. 이 스콜라 신학의 대가는 스타기라 출신의 아리스토텔레스에게 감탄하며 자연학을 포함한 그의 학설들 대부분을 그대로 받아들였다. 그는 지구중심설 및 4원소설, 주변에 행성들을 가지고 있는 투명한 천구들·항성·천체의 불변성에 전적으로 동의한다. 이 이론이 교회에 받아들여진다. 교의로 승격된 이 이론은 훗날 갈릴레이에게 위협을 가하게 된다.

그러나 세계의 영원성은 기독교 교리 속에 통합되지 못한다. 천지창조 부분에서, 진짜 아리스토텔레스주의는 성서의 사상과 모순된다. 그래서 유대교도·기독교도·이슬람교도들은 모두 플라톤주의와 신플라톤학파의 학설에 호소하며 기본적인 종교적 진리들에 형식을 부여한다. 따라서 토마스도 신플라톤주의화된 아리스토텔레스주의를 가르친다.

아리스토텔레스는 신의 무한성을 믿지 않았다고 비난받는다. 실제로 그는 제1원인이 세계의 상층부에 존재한다고 주장하는데, 이것은 신이 하늘에 갇혀 있음을 의미하는 듯 보인다. 토마스는 이 모델에 대해 조금의 의심도 두지 않는다. 천체들에 관한 철학(아리스토텔레스의 우주론)과 원인들의 위계에 관한 성 토마스의 견해 사이에 완전한 일치가 엿보인다.

아리스토텔레스는 세계가 늘 존재했고 과거 속에서 영원하다고 생각한다. 반면에 성서는, 세계에는 시작이 있다고 하며, 신학은 그것을 이성적으로 논증함을 목표로 한다. 토마스 아퀴나스의 입장은 마이모니데스처럼 대립되는 두 가지 견해 사이에 위치한다. 한편으로 철학자들이 세계 영원성의 근거로 제시하는 논거들은 설득력이 없다. 또 다른 한편으로 세계의 시작이 있다는 사실에 동의하는 신학자들의 논거도 결정적이지 못하다. 우리가 제시했던 세계의 탄생에 대해 유리한 논거들은 오직 당대에만 근거가 있었다.

우리는 세계의 영원성도, 태초도 증명할 수 없다. 세계가 시작되었음을 오직 신앙만이 우리에게 가르쳐 준다. 토마스 아퀴나스는, 기독교의 신과 철학의 원리들은, 오직 이러한 요술에 의해서만 현실 세계의 유일한 설명이 된다고 믿는다. 토마스의 명성은 단테의 《신곡》에서 절정에 달하는데, 여기서 그는 천국의 넷째 하늘(빛의 하늘)에 거하며 12현자들의 화관을 맡는다.

15

숙고되고 감탄과 찬양의 대상이 되는 별자리들, 그 사이사이로 어둠이 지나가며 별들이 총총한 레이스, 빛에 에워싸인 불멸의 별자리들이 고대부터 인간의 꿈을 환하게 비춰 준다. 고대의 하늘이란 지상의 삶의 무대를 에워싼 둥근 지붕에 불과했지만, 고대의 시혼은 인간 영혼의 미로와 지상의 이미지를 창공으로 옮아갔다.

그리스 신화는 북쪽 하늘에서 펼쳐졌다. 에티오피아의 왕 케페우스의 아내인 카시오페이아는 자신이 네레이스들보다 더 아름답다고 생각하며 자만했다. 예민한 그 요정들은 자존심이 상해 바다의 신 포세이돈에게 복수해 달라고 간청한다. 바다의 신은 시리아 해안을 휩쓸도록 바다괴물을 보낸다. 카시오페이아는 화를 피하기 위해 딸 안드로메다를 바위에 묶어 무시무시한 괴물에게 바친다. 카시오페이아의 불행에 충격을 받은 페르세우스는 준마들의 전형인 페가수스 위에 걸터앉아 메두사의 머리를 잘라내 공포에 질려 굳어 버린 괴물을 운명의 바위로 가서 석화시킨다…….

하늘은 별자리들이라 불리는 88개의 주들로 나누어진다. 북반구에서 보이는 별들로 구성된 48개의 고대의 별자리들은 미노스 문명의 사람들과 그리스인들에 의해 묘사되고 명명되며 상징화되는데, 이들은 고대 지역, 수메르와 아카드의 푯말 세우는 사람들에게서 체계를 빌려온다. 호메로스는 황소좌·히아데스성단·큰곰좌·목동좌·오리온좌, 이렇게 다섯 별자리의 이름을 인용한다. 히아데스성단은 성서에도 등장한다. 12성좌로 나누는 하위 구분은 이집트인·바빌로니아인·페르시아인·인도인들에게서 발견되는데, 이 사실은 이들의 기원이 같음을 시사한다.

당시의 북극성과 비교해서 고대 별자리들의 분포를 보면, 우리는 그것들이 기원전 2500년쯤 전에 북위 $36°$ 부근에서 살았던 어떤 민족에 의해 구상되었을 거라고 추측할 수 있다. 이렇게 해서 우리는 미노스 문명의 사람들이 고전적인 별자리들 및 에우독소스와 아라토스 별자리들의 선조임을 밝힐 수 있다. 우리는 남쪽 하늘에 토지 대장을 준 그 민족과 뱃사람들의 계승자이다. 새로운 **별자리 관측자들**인 것이다.

르네상스기의 하늘에 푯말을 세우는 사람들은 고물·배 밑바닥·시계·망원경·현미경·센터스피커·나침반 등의 명칭이 증명하듯이 보다 기술적인 부분에 몰두했다. 그러나 40개의 새로운 별자리들은 고대인들의 풍부한 상상력에 비길 만하지 못하다.

이렇게 별자리들은 '고대의' 것들과 '근대의' 것들로 나누어 진다. 고대의 별자리들은 우리에게 가공의 피조물들인 뱀, 바다괴물, 용들과 사자, 두 마리의 곰, 한 마리의 염소 등과 같이 흔히 보는 동물들을 가리킨다. 근대의 별자리들의 이름은 이보다 시적이지 못하다.

프로클로스가 페니키아 상인들 사이에서 수에 대한 인식을 발원시켰듯이 이집트의 측량사들에게서 기하학을 탄생시킨다. "피타고라스는 그들의 뒤를 이어 연구를 개선하고 자유롭게 가르친다. 실제로 그는 상위의 원리들로 거슬러 올라가서 순수한 지성에 의해 이론적으로 정리들을 추구한다. 그래서 비이성적인 것의 발견과 **코스모스**(정다면체들)의 구성은 그에게서 유래한다." 신학적 관점에서 피타고라스는 자연학을 실행하고 우주론을 계산했다. 이렇게 철학은 서양의 하늘에 그리스를 흩뿌렸다. 피타고라스에 의하면

"로프들이 내는 소리에는 기하학이 있다. 구들의 사이사이에 음악이 있다."

따라서 이 크로토네의 철학자는 과학적이고 지적인 사색의 원점에 위치하고, 여기에 수와 코스모스가 섞여 있다. 기하학의 형태들로 조직된 우주의 개념 속에서 서양의 이성은 그 무기를 단련한다. 이성적이고 신비주의적인 사색이 조화를 이루는 바로 이러한 주형 속에서 피타고라스와 그의 제자들은 가르치고 배우며, 근대 서구 사상은 그 원천과 힘을 얻는다.

수는 어떤 구성물의 조립과 같이 점들로 연결된 도형으로서 시각화된다. 홀수는 각진 도형의 점들로 표시되는데, 최초의 일자에 덧붙여진 이 점들이 정사각형을 이룬다. 기하학적인 상상력이 이러한 식으로 대상을 도형들 속에 넣는다. 수들이 사물들 속에서 사물들의 다양한 관계들을 이해할 수 있게 만든다.

7현금과 리디아 플루트의 음악 속에서 산술이 발견한 조화의 법칙들이 피타고라스학파의 우주론을 만든다. 곧 천체들은 하늘에서 서로 다른 속도로 규칙적으로 움직이고, 대기가 타격을 받고 움직일 때 소리가 나는 것과 똑같이 완벽하게 규율이 맞는 생성들과 별들의 합창이 조화를 이루어 낸다. 원운동을 하는 천체들은 음계의 것들과 동일한 간격들로 나누어진다. 그리고 우주를 정다면체들이라는 기하학적인 도형들로 나타내는 필롤라오스의 충실한 표현은 결국 버려지지만, 최초의 피타고라스학파가 상상한 다정한 음악과 같이 조화로운 구성은 르네상스기에 시적인 밑거름을 제공하며 새로운 과학적인 앎을 살찌운다.

양자의 파동 속에서 음악적 원소가 물질적 원소와 결합하여 소우주의 새로운 역학에 신비로운 은총과 그 효력을 주는 것을 우리는 볼 수 없겠는가?

아리스토텔레스는 구들의 음악을 잠재운다. 음악이 그의 웅장한 우주론을 어지럽히기 때문이다. 그는 우리가 왜 아무것도 못 듣는지 어떻게 해서라도 설명하려고 한다. 그 이유는 전혀 소리가 나지 않기 때문이라고 한다! 그는 여기서 수정구들에 관한 자신의 주장에 유리한 논거를 보는데, 그의 주장에 따르면 천체들은 스스로 움직이지 못하고 천체들이 박혀 있는 구들에 의해 옮겨진다. 내벽에 삽입된 것처럼 각각의 구 안에서 움직이지 않는 천체는 주위 환경을 쪼개지 않으며, 따라서 아무 소리도 내지 않는다.

오히려 천체들의 본체가 우주에 퍼져 있는 공기나 불덩어리와 부딪힐 때 대단히 큰 소리가 나고 우리의 본체도 그 강한 것의 영향을 받을 것이다. 현상의 규모와 잘 맞는 천체들의 운동과 마찰이 지구를 쪼갤지도 모른다. 천둥소리가 돌과 아주 단단한 물체들을 쪼개는 것처럼. 우리가 볼 때 아리스토텔레스는 천체들이 내는 휘파람 같은 소리를 하늘에서 나오는 부드러운 음악이라기보다는, 요즘말로 해서 어떤 초신성의 파장으로 생각하는 것 같다.

그러므로 천체들은 자율적이지 못하고, 차라리 주위 환경 속에서 그것과 함께 움직인다. 천체들은 스스로 움직이지 못한다. 이 부분이 아리스토텔레스가 천체의 조화를 말하는 피타고라스학파의 이론과 대립하는 주된 논거가 된다. 아리스토텔레스의 수정구들은 스스로 산산조각 나서 날아가게 된다.

우리는 고대 천문학의 총합에 있어서 프톨레마이오스에게 많은 빚을 진다. 일례로 그의 《알마게스트》는 140년부터 코페르니쿠스의 《천구의 회전에 관하여》가 출판된 1543년까지 14세기 동안 서양 천문학의 준거로 사용된다.

예측력이 뛰어난 그의 이론은 행성들의 12성좌 운동과 천체들이 주기적으로 같은 자리로 복귀하는 것에 의해 흐릿해졌지만, 어떤 관점에서 그것을 과용하기(점성물이 증명한다) 시작한 사람들의 눈에는 하나의 모델로 인정된다. 수세기를 거치며 회전 구의 안정적인 운동 상태는 신장된다. 아리스토텔레스와 프톨레마이오스의 지구 중심 우주론이 《신곡》에서처럼 그렇게 아름답게 묘사된 적은 없다. 원에 반한 천문학자들은 케플러에 이르기까지 오랫동안 원운동에 대해 고찰하는데, 행성들의 타원운동에 관한 법칙들을 발견한 케플러가 그들을 고리에서 풀어준다.

모두가 하늘의 세이렌들의 소리를 들으려 하지 않았다. 오직 케플러의 예민한 귀만이 구들의 미미한 속삭임을 들었을 거라고 사람들은 말한다. 케플러는 여전히 음악적인 조화를 하늘에서의 지고의 미라고 생각한다. 그는 태양으로부터 각 행성들을 떨어뜨리는 각각의 간격에서 리라의 떨리는 현들의 수적 관계들을 알아본다고 생각할 정도로 피타고라스적이다. 그는 태양계를 '아폴론의 리라' 라 부른다.

모든 것은 측정될 수 있다고 생각하는 이 독일 천문학자의 단호한 확신, 곧 우주는 조화의 기원이 되는 어떤 이성의 지배를 받는다는 것에 대해 생각해 보자. 이것은 가장 양적이고 가장 형식주의적인 학문에서 모든 것에 대하여, 그리고 모든 것에 반하여 보존되는 객관적인 **특질**의 흔적 이상이다. 우리는 이것을 맥스웰의 전자기 이론 방정식들과, 플랑크가 그 경이로운 조화를 높이 평가한 아인슈타인의 상대성 이론에서 볼 수 있다. 우주의 **구조에 대한** 구상은 수를 물리적 현실 세계의 본질로 보는 자연에 대한 플라톤철학에 기반을 둔다. 수와 수적인 관계들이 물질적 기반보다 더 많이 현실 세계의 기초를 인간에게 보여준다.

구조적인 접근을 통해 우리는 자연 속에 잘 정돈되어 있는 어떤 본질, 곧 부분들이 전체와 각각의 다른 부분에 정해진 대로 연결되어 있는 어떤 구조물을 볼 수 있다. 케플러에게 있어서 이러한 구상은 목적론적이다. 그래서 구조적인 외관은 어떤 위대한 계획이라는 생각으로 자연스럽게 이어지는데, 이러한 계획의 추구로 인해 불가피하게 구조의 실현과 보존이 점차적으로 야기된다.

수의 불연속, 공간의 연속, 물체들의 실재, 곧 산술과 기하학, 물리학 각각의 영역들(영혼과 육체, 정신과 물질)은 구별되었다. 구별이라는 의미에서 (그리고 이것과 논리적인 상관 관계가 있는 신성의 박탈이라는 의미에서) 본질적으로 발전이 있었다. 물리학은 더 이상 신학도, **우주적 질서에 관한** 시도 아니다. 과학자들은 독보리로부터 알곡이 구분되듯이 신비주의자들과 구별되었다. 이제 우리는 데카르트와 뉴턴의 무리들이 지평선 위로 나타나는 것을 볼 수 있다.

케플러의 시각은 우주의 구조적인 구성에 대한 최근의 표명들 중의 하나였다. 자신이 너무 조심스럽게 돌보는 영원이라는 부분 때문에 역학의 기반인 변화의 개념을 영원히 이해하지 못했다고 사람들은 케플러를 체계적으로 비판한다. 지나치게 신에 집착했다고 스피노자를 헤겔이 비난한 것과 같다. 케플러의 견해는 갈릴레이가 추진하고 힘과 그 작용에서 나오는 운동과 힘을 강조한 뉴턴이 완성한 역학적인 견해에 의해 3세기 동안 일시적으로 사라졌었다.

알렉산드르 쿠아레에 따르면 뉴턴은 세계를 '힘'과 '물체' 두 개로 나누는 데 큰 기여를 한다. 뉴턴은 다음과 같이 선언한다. "물체의 입자들은 단단한 모든 물체들을 통과하고 물질 안에 숨겨 있는 섬세한 정신이라는 종의 힘과 작용에 의해 서로 가까이 끌어당기며 가까이 있을 때 긴밀히 결합한다."(《수학 원리》) 기하학과 정수론에서 갈릴레이보다 한 수 위인 케플러가 한 단계를 뛰어넘지 못하고 고대의 기슭에 머문 것은 어쨌든 사실이다. 따라서 물리학을 재편성하는 일은 이 이탈리아 물리학자의 몫으로 돌아온다.

그후 유기 화학의 발전으로 인해 원자들과 동일한 조합으로 구성된 분자들이 완전히 다른 속성들을 드러낼 수 있다는 사실이 밝혀진다. 자연에 대한 구조적인 접근이 활기를 띠게 된다. 원소들의 주기율표가 원자들의 전자적 입체 배치와 대응된다. 원자핵의 기본적 구성 요소들의 발견으로 물리학자들은 양자와 중성자들의 조합 관계에서 다수의 원소들이 존재함을 설명할 수 있게 된다. 이러한 단순화한 접근의 성공으로 인해, 우리는 구조적인 구성이 세계의 토대가 되는 개체들의 확산 문제를 피하면서 다시 한번 탐색의 끝에 도달하는 것을 기대할 수 있게 된다.

우선 화학자들의 소모임에 갇혀 있던 구조적인 분석이 핵의 구조로 점차적으로 확장되어 소립자에 관한 물리학에 영향을 미치게 된다. 구조와 역학 사이의 분쟁은 차츰 가라앉아 현대에는 두 개가 결합된다. 그리고 20세기는 물리적 현상들의 역학적이고 구조적인 양상들의 종합으로 특징지어진다고 말할 수 있다. 이제부터 연구는 **다양한 구조들의 역학적인 발현**[11]을 밝히는 데 초점이 맞추어질 것이다.

우리가 알아야 하는, 따라서 이성적인 사유로 접근할 수 있으리라고 추측되지만 우리가 생각하는 대로 되지 않는 속성과 구조들을 지닌 하나의 세계가 있다고 가정해 보자. 무질서란 숨겨진 하나의 질서라고 가정해 보자.

16

요약해 보자. 소크라테스 이전의 자연학자이자 철학자들은 신화적인 이야기들을 코스모스에 관한 이성적인 담화, 즉 우주론의 초안으로 바꾸었다. 그들은 엄격한 말들과 엄밀한 개념들을 만들어 냈고 세계의 영원하고 유일한 기층을 추구하기 시작했다. 여기에서 탈레스는 물을, 아낙시메네스는 공기를, 헤라클레이토스는 불을 보았다. 아낙시만드로스는 만물의 존재의 근거를 비물질적인 원리, 즉 무한 혹은 **아페이론**에 두었는데, 이것의 한가운데에 있는 대지는 물리적 지지대 없이 균형을 유지하고 있다. 대지는 한쪽으로 기울어질 이유가 전혀 없기 때문이다.

---

11) 이 장에 관해서 우리는 도미니크 프루스트의 저서, 《구들의 조화 *L'Harmonie des sphères*》를 유리한 방향에서 참조할 것이다.

코스모로고스, 곧 우주에 관한 체계적인 추론은 반대되고 모순되는 것들에 근거를 두었다. 곧 밀도가 높은 것과 낮은 것, 무한한 것과 유한한 것, 같은 것과 다른 것들에 말이다. 고대의 자연학자들은 각자의 이론 내용과 가능한 영향들을 몇 세대 만에 철저히 고찰했다. 하나의 추론에서 가장 섬세한 것들을 주장하고 부정하는 동시에 대립되는 것들을 넘어섰다. 이렇게 정신은 하늘을 판독하기 위해 준비했지만, 그러기 위해서는 어떤 방법이 필요했다. 소피스트들에게서 잘 나타났던 위험을 자각하고 기하학적인 정확성에 몰두했던 플라톤은 이 문제를 수학자들에게 제기했다.

"행성들이 **외양을 보존**하기 위해 가설로 내세우기에 적당하며 전적으로 일정한 등속도의 원운동은 무엇인가?"

'소사인 타 파이노메나($\Sigma\omega\xi\epsilon\iota\nu\ \tau\alpha\ \varphi\alpha\iota\nu\omega\mu\epsilon\nu\alpha$: 빛을 발하기 위해 보전하다),' 즉 현상을 보전하는 것이 갈릴레이에 이르기까지 모든 하늘에 관한 이론들의 궁극적인 목적이었다. 따라서 수리천문학이 탄생한다.

질서와 논리에 열중한 아리스토텔레스는 하늘을 둘로 나누었다. 곧 생성의 장소인 달 아래의 세계와 쇠퇴와 죽음의 세계로. 그는 개론서 《천체론》에서 세계에 대한 질적인 연구에 몰두한다. 즉 하늘과 천체들, 지구, 달 아래의 원소들의 생성, 무거운 것과 가벼운 것들에 관해서. 특히 그는 세계의 단일성 및 유한성·영원성에 관해 논한다. 이러한 형이상학은 영원히 우주론을 떠나지 않는다. 아리스토텔레스의 우주는 자신의 철학을 따라서 질서가 잡혀 있고 목적성이 있으며 유한하면서 변함이 없지만, 어떤 이데아의 구현, 위계 질서의 구현일 뿐이다. 진공 및 원자·무한·창조는 여기에서 추방당한다. 그는 우주에 대해 논의하면서 우주를 구성하는 원소들과 그것들의 속성들도 논한다.

원운동으로 활기를 띠게 된 실체 혹은 '천체'는 그 개론서 고유의 대상을 구성한다. 천체들은 자연의 원소들(물·공기·흙·불)로 구성되지도, 그것들 중의 단 하나로만 만들어지지도 않았음이 증명되었다. 그는 4개의 원소에 다섯번째 원소, 즉 제5원소를 덧붙이는데, 그것은 중세의 철학자들이 에테르라 불렀던 것이다. 이것의 개념은 아인슈타인에 이르기까지 지속되다가 현대에 이르러서는 아마도 양자물리학의 진공의 개념과 함께 다시 등장한다.

"나는 본다"라는 말은 나는 이해함을, 나의 생각이 명확해졌음을 의미한다. 나는 면밀히 검토한 후 생각을 바꾼다. 1572년의 어느 밤, 새로운 별을 발견한 티코 브라헤는 단 한번의 눈길로 달 위 하늘의 불변성에 대한 신조를 사라지게 하고, 아리스토텔레스의 수정구들을 산산조각 낸다. 그렇지만 그는 특성을 혼동했다. 그것은 하늘에서 새로 생기는 별이 아니라 없어지는 별이었다. 실제로 오늘날 우리가 초신성이라고 부르는 그러한 유의 천체의 출현은 하나의 별이 폭발하며 빛을 발하는 것이다.

갈릴레이는 망원경을 달로 향하게 하고 거기서 산맥을 본다.

이것으로부터 그는, 그의 용어 그대로 달은 흙으로 되어 있다고 결론짓는다. 논거를 뒤집으면 땅이 하늘이고, 따라서 하늘은 이해될 수 있다고 말할 수 있다. 이렇게 생성과 죽음의 중심인 달 아래의 영역과, 변하지 않고 완벽한 달 위 영역 사이의 구분이 영원히 사라진다. 별들은 소멸하는 것으로 공포된다.

거인들(뉴턴은 선임자들을 이렇게 부른다)의 어깨 위에 앉은 뉴턴은 결정적으로 천체물리학의 기초를 확립한다. 예를 들면 동일한 중력이 달을 끌어당기고 사과를 떨어뜨린다. 그는 새로운 하늘에 자신의 구조를 부여한다. 인간의 사유 속에서 땅과 하늘의 결합이 이렇게 신성화되고, 이때부터 하늘에 관한 학문은 계속해서 발전한다. 물리학은 천문학에 머리를, 천문학은 물리학에 날개를 제공한다.

천문학상의 제2의 혁명이 분광학에서 시작된다. 모든 원자는 원자의 특성과 그것이 노출된 외부 조건에 따라서 고유한 빛의 파장들을 방출하거나 흡수한다.

제3부

1.1

갈릴레이의 시대에 최종 속도를 측정할 수 없는 상태에서 우리는 빛의 속도가 무한하다고 확신했다(우리가 빛을 측정하는 좌표계가 어떠했든간에). 이것은 먼 거리에 있는 신호와 메시지들의 즉각적인 전달을, 따라서 거리와 관계없이 모든 현상들의 동시성을 내포한다. 그 결과 우주 전체를 한눈에 그 경계까지 보는 일이 가능하다. 만일 하늘의 모든 대상들의 빛이 나에게 즉각적으로 도달한다면, 그것들과 나 사이에는 시간상의 구별이 없을 것이다. 모든 인간과 모든 별들은 동일한 현재 안에 있는 것이다. 그렇지만 빛에 관한 이러한 (잘못된) 관점, 곧 우리를 우주와 늘 동시대인으로 만드는 관점에도 무엇인가 진실이 있었다. 즉 우리가 무한에 무엇을 덧붙이더라도 우리가 얻는 것은 무한이다. 무한의 속도를 내는 어떤 무한의 속도에 모든 속도를 더한다고 해도 우주에 산재하는 관찰자들의 손짓이 아무것도 바꿀 수 없다는 사실은 명백하다. 그들이 측정하는 것은 무한한 속도에는 보잘것없는 것이다. 이러한 빛의 속도의 불변성이라는 기이한 속성은, 그 원천과 관찰자의 운동이 어떠하든간에 우리가 나중에 살펴볼 상대성의 본질 자체다.

동일한 착상에서 물리학의 다른 모든 법칙들은 관성(속도가 붙지 않는) 좌표계인 이상 모든 좌표계 속에서 일체가 된다.

뉴턴과 라이프니츠가 미분을 고안한다. 미분 방정식들은 어떤 양의 변화율이 외부 작용의 영향하에서 어떻게 변하는지 보여주는 표현법이다. 예를 들면 뉴턴의 제2의 운동 법칙은 어떤 물체의 가속도를 그것에 적용된 힘과 연결한다. 곧 $f=my$. 이 공식에서 가속도는 속도의 변화율이고, 속도는 위치의 변화율이다. 이러한 유형의 방정식 대부분은 과학의 가장 심오한 수수께끼와 관계 있다. 현상들의 다양성에도 불구하고 그것들을 묘사하는 모든 법칙들은 단 하나의 원리에서 유래하는 듯하다. 곧 작용(질량과 속도, 거리의 선형 조합, mvr)이라 불리는 어떤 양은 모든 상황에서 가능한 한 적게 남는다. **최소 작용의 원칙**이라는 이름으로 알려진 이러한 관심은, 결국 물리학의 기본 법칙들은 미분 방정식들이라는 사실 속에 반영된다. 미분 방정식들이 작용의 최소화를 가능케 하는 형식주의를 이루고 있기 때문이다.

뉴턴의 물리학에서 작용은 고려하는 물체의 운동 에너지와 포텐셜 에너지 사이의 차이이다. 운동 에너지는 운동과, 포텐셜 에너지는 위치(힘의 범위 내에서의 위치)와 결합된 에너지이다. 이 차이를 최소화하기 위해서는 가속도에 의해 증가된 물체의 질량을 적용된 힘과 같게 하는 것이 바람직하다. 이처럼 역학은 단 하나의 원칙하에 통합된다. 천천히 살펴보도록 하자.

1.2

1666년에 뢰머는 목성과 그 위성들을 이용하여 빛의 속도는 물론 빠르지만 무한하지 않다는 사실을 발견한다. 이것은 "운동은 아무것도 아닌 것과 같다"는 갈릴레이의 상대성 원리에 치명적인 타격을 줄 수 있었다. 빛의 방향으로 달려가는 한 관찰자는 반대 방향으로 지나가며 멀어지는 관찰자보다 빛의 파동이 더 빨리 퍼지는 것으로 본다고 생각하는 게 자연스러울 것 같기 때문이다. 빛의 속도의 유한성의 발견은 만물의 낙하와 함께 세계에 관한 직접적인 이해와 현재적 우주의 추락을 재촉하게 되었다. 빛의 방사와 관찰의 비동시성은 법칙이 되었다.

1.3

지금부터 150년도 훨씬 전에 패러데이는 재치 있는 일련의 실험들을 통해서 전기와 자기는 감춰진 단 하나의 힘의 발현, 하나의 동전의 양면과 같다는 사실을 밝혀냈다. 이러한 성공에 고무된 그는, 마찬가지로 전자기학도 약 100년 전에 뉴턴이 수학적으로 기술한 중력과 연관 있음을 증명하려고 애쓴다. 현대의 물리학자들 대부분은 패러데이의 신조, 즉 겉으로 달라 보이는 자연의 여러 힘들은 단 하나의 다이아몬드의 여러 면이라는 신조를 받아들인다.

맥스웰은 분리되고 갈라진 빛들을 몇 가지 종류로 모으고, 그것들에 단일성, **전자파**를 각인했다. 만일 이 파가 빛이라면 어떻게 그런 일이 가능한가? 뉴턴의 방정식이 입자들을 지배하는 방정식이라면, 맥스웰의 방정식들은 장의 방정식들이다. 두 종류의 표현 형식들은 어떤 순간의 위치를 알면 정확한 미분 방정식 덕분에 다음 순간의 그것을 완벽하게 측정하는 일이 가능하기 때문에 완전히 결정론적이다.

장 이론 전체의 원형은 전자기장의 원형이다. 곧 전기장과 자기장은 각각 공간의 점에 정해진 값을 갖고, 그것들의 변동은 특수 방정식들 집합의 영향을 받는다. 맥스웰 방정식*은 우리가 처음 제시하는 장의 순간부터 공간과 시간상의 전자기장의 변동을 나타낸다. 진동성의 자기장이 진동성의 전기장을 일으키고 이 진동성의 전기장이 진동성의 자기장을 유발하며 새로운 자기장은 전기장을 낳고, 이런 식이 계속된다. 맥스웰은 장은 전자파의 형태로 확산될 때 정해진 에너지양을 운반한다는 사실을 증명한다. 그러나 $E=mc^2$처럼 맥스웰의 장은 일정한 질량을 갖는다. 따라서 그것은 하나의 입자처럼 '실재적'이거나 비실재적이다. 에너지가 어느 정도 비물질적인 전자파에 의해 실제로 공간에서 공간으로 전달될 수 있다는 주목할 만한 사실은 헤르츠의 실험으로 확인되었고, 이 실험으로 인해 맥스웰의 이론 전체가 단번에 퍼지게 된다.

상황을 좀더 자세히 살펴보자. 맥스웰 방정식은 전하와 전류의 확실한 배전이 주어졌을 때 전기장과 자기장이 확산되는 방식을 훌륭하게 묘사한다. 전하는 입자들에 의해 물리적으로 주어지고, 전류는 입자들의 운동으로 발생한다. 여기서 입자들, 전자와 양자들이 존재론적으로 먼저 있고, 장은 거기에서 나온다. 어디에 전하가 있고 그것들이 어떻게 이동하는지 안다면, 우리는 전자기장의 반응을 맥스웰 방정식으로 알 수 있다.

1.4

19세기말, 마이컬슨과 다른 여러 과학자들은 빛의 속도는 그들이 실행할 수 있는 유동적인 모든 좌표계에서 동일하다는 사실을 알아낸다. 전적으로 이론적인 관점에서 아인슈타인은, 현재의 빛의 속도는 유한하고(무한하지 않고) 모든 좌표계에서 동일하다는 점은 다르지만, 갈릴레이의 것과 비슷한 새로운 상대성 이론을 개별적으로 가정했다. 이 개념은 어느 정도는 맥스웰의 전자기학 이론 속에 이미 포함되어 있긴 했지만, 그는 빛의 속도가 변하지 않는 것으로 받아들였다. 이 점이 그의 이론의 터무니없는 약점으로 여겨졌었다.

아인슈타인은 이미 확립된 이론에서 곧장 빠져나왔다. 몇몇 통찰력 있는 주제들에서 물리학은 영원을 위해 확립된 듯했던 시간과 공간의 절대에 관한 신조를 무너뜨린다. 절대는 새로운 장을 열게 한다. 뉴턴에게 절대는 **준거 틀**, 즉 공간과 시간이었다. 아인슈타인에게 그것은 **물리학의 법칙들**이라는 양상을 띤다.

"빛의 속도는 300,000km/s이다"는 그것을 공포하는 법칙의 운동과는 무관한 하나의 법칙이다. 이것이 우주의 속성이다.

상대성 원리로 인해 아인슈타인은 어떤 물리적인 대상도 빛의 속도보다, 즉 진공 속에서 정확히 c=2.998 10^{10}cm/s보다 더 빨리 확산될 수 없다고 결론짓게 된다.

아인슈타인은 빛의 속도의 항구성(불변성)은 거리와 시간 개념의 근본적인 재검토와, 빛을 지닌 역학적인 기층, 즉 빛을 포함한 에테르의 무조건적인 폐지를 필연적으로 초래하게 됨을 곧 깨닫는다.

에테르의 종말은 빛과 빛이 내포하는 것 사이의 불일치를 여전히 악화시킨다. 빛의 역학적인 매체인 에테르와 함께 빛을 이해하게 될 가능성도 사라졌다(사물들에 입문하게 하는 촉각에 매우 집착하는 가련한 인간들인 우리들에게 있어서, 이해한다는 것은 언제나 기계적인 내포를 갖기 때문이고, 마찰이 없는 우리의 도르레와 지렛대, 밧줄이 가상일 뿐이라고 해도 우주와 현상들에 대한 사고는 우리의 손끝과 연결되어 있기 때문이다).

1.5

맥스웰의 이론은 20세기초에 수정되어 양자의('요동의'와 동의어) 원소를 내포하게 된다. 고전 이론에서는 에너지를 어떤 양만큼 증가하거나 감소시키는 일이 가능하지만, 수정된 이론에서 에너지의 증가나 감소는 불연속의 수치들, 곧 광자라고 불릴 때의 양자들만 취할 수 있다. 이것으로 우리는 빛을 새롭게, 곧 광자는 전자기장의 양자들이라고 정의하게 된다. 광자는 물리학 용어 사전의 '입자' 항목에서 볼 수 있기는 하지만 미립자와 파동의 특성을 동시에 보인다. 따라서 그렇게 분류하는 것은 광자의 속성 중 반을 잊은 것이다.

일반적으로 장에 관한 모든 양자 이론의 공식은 비난받는 고전적인 장 이론의 기술로 시작되고, 고전적인 장 이론은 양자 이론의 규범이 적용될 때 입자 이론이 된다.

옛 양자론과 달리 장에 관한 새로운 양자론은 각각의 입자를 상응하는 장의 파동 양상의 여기로 묘사한다. 말하자면 광자의 '발생'을, 퉁긴 기타줄에서 나온 음이 발현된 것으로 유추하여 상상한다. 이러한 음악적인 이해에서 입자는 장 속에 있는데, 이것은 음이 악기 속에 있는 것과 같다. 사실상 여기서 주요한 특성은 다른 장들간의 결합(상호 작용)이다. 이것으로 인해 입자들과 원자물리학의 과정을 생각하는 새로운 방식이 나온다. 우리는 단순하고 고립된 아원자 입자들을 내세우기보다는 장, 즉 집단을 구성하면서 그것에 종속된 것으로서의 아원자 입자들을 다루며 각각의 입자들, 예를 들면 쿼크를 그 장의 양태에서의 여기로서 살펴볼 것이다. 입자 대신에 '장의 양자들'이라는 용어를 사용하는 게 더 적절할 것이다.

1.6

막스 플랑크*로부터 시작된 물리학의 혁명은 양자역학의 원자와 함께 절정에 달하고, 그는 자신의 가장 강력한 도구, 즉 별과 은하, 성운들에서 나오는 스펙트럼선들의 분석을 가능케 한 이론을 천문학에 제공한다.

갖가지의 원자들 혹은 원자들의 조합들은 갖가지 에너지들을 입체적으로 배치한다. 그리고 그것들은 구조적인 조정을 야기하며 에너지의 급변으로 식별될 수 있다. 양자역학의 체계(핵·원자·분자)에서 야기된 특수 스펙트럼선들은 혼합된 체계들의 내부 배치에 따라 다르다. 또한 내부 배치는 **온도·밀도**라는 주변 환경에 의존한다. 이렇게 환경의 압력이 접근할 수 있는 **에너지 준위*의 집단**을 지배한다. 이러한 결과로 환경에 대한 물리적 요인들은 자기장의 세기와 같은 다른 요인들에 덧붙여져서 스펙트럼선의 세심한 관찰로 측정될 수 있다.

2

물리학의 본질 자체로 돌아가기 위해 만일 우리의 시간에 대한 개념적 도구들로 뉴턴과 아인슈타인의 물리학적 관점의 차이를 드러내고자 한다면, 우리는 다음과 같은 원리들을 이끌어 낼 것이다.

N_1. 시공의 기하학은 유클리드의 기하학인데, 여기에 우리가 시간을 덧붙였다.

N_2. 어떠한 힘도 작용하지 않을 때 어떤 물체의 둘레를 잇는 선이 측지선이며, 이것은 N_1에 근거하여 일정한 속도의 직선을 의미한다.

불행하게도 우리는 사물들이 떨어지는(가속도가 아래로 붙는다) 것을 보지만, 이러한 현상을 위의 이론은 설명해 주지 못한다. 이러한 어려움을 해결하기 위해 새로운 이론 하나를 추가한다.

N_3. 그런데 모든 물체들에 작용하는 힘, 중력이 있다. 모든 물체들이 동일한 가속도를 갖는다는 사실을 설명하기 위해 뉴턴은 중력이 물체의 질량에 비례한다고 가정한다.

아인슈타인은 이와 다르게 접근하는데, 요약하면 다음과 같다.

E_1. 시공의 기하학은 비유클리드적인 거리*에 의해 특징지어진다.

E_2. 어떤 힘도 작용하지 않을 때, 어떤 물체의 둘레를 잇는 선이 측지선이다.

그러므로 자연히 중력의 힘을 가정할 필요도 없이 지상 가까이에 놓인 모든 물체는 같은 가속도를 가지고 아래로 떨어진다.

아인슈타인은 뉴턴보다 가설을 하나 덜 사용하고 있음을 알

수 있다. N_1과 E_1의 가설들은 시공의 기하학에 관한 주장들이다. N_1과 E_1은 같다. 즉 그냥 놓여진 모든 것은 측지선을 따라간다. 아인슈타인의 이론은 하나의 가설을 덜 끌어들인다는 점을 고려하면, 원칙적으로 뉴턴의 이론보다 간단하다. 하지만 실제로는 그 반대이다. 뉴턴의 간단한 (유클리드의) 시공에서 궤도는 복잡하다(지구는 나선을 그린다). 아인슈타인의 복잡한 시공에서(뒤틀리고 비유클리드적인) 궤도는 단순하다.

아인슈타인의 창조적 활동 초기부터 구체화되었던 그의 세계에 대한 견해에서, 우리는 상대성 이론의 논리적인 구조뿐만 아니라 그것의 철학적인 원천들까지 어렴풋이나마 볼 수 있다. 세계에 대한 아인슈타인의 견해는 그 당시의 고전적인 견해들의 물리학 원리들과 밀접하게 관련 있는 17세기 합리주의의 기본적인 견해들과 본질적으로 유사하다. 그것은 다음 세기가 되어서야 명확해진 철저히 합리주의적인 견해들이다. 이러한 의미에서 아인슈타인에게 스피노자는 그후에 나온 합리주의자들보다 더 많은 영향을 끼쳤다. 스피노자의 특징은 우주에 대한 그의 견해에서 볼 수 있는데, 그의 관점에서 이성은 각각의 근사치나 존재의 모든 수수께끼들의 결정적인 해답을 요구하지 않고 조금씩 현실의 법칙들에 다가간다.

이성은 우주의 실제적인 조화를 어렴풋이나마 보게 한다. 이와 같은 시각은 학문에 대한 고전적인 이상을 구성한다. 이러한 인식은 수학적이고 인과론적이다. 곧 수학은 원인과 결과의 논리적인 연관성을 발견하고, "이를 능가하는 확실성이란 없다." 인과 관계는 물체들의 운동과 상호 작용으로 귀착되고, 그 결과 인과 관계의 완벽한 이미지가 세계를 구성한다. 이러한 의미에서 세계는 수학적이다(구성에 의한다고 할 수도 있다). 따라서 물리적인 사건들의 묘사와 예측에서 수학의 사실 같지 않은 실효성에 놀랄 필요가 없다.

이러한 이상은 사물들에 내재하는 본질을 반영하고 우주의 객관적인 조화를 점점 더 폭넓게 드러낸다. 절대는 곧 상대적인(좌표계, 관찰자의 운동에서) 공간의 사이에서 시간의 사이, 동시성으로 영역을 바꾼다. 빛의 속도와 시공의 간격은 절대적이다. 좌표계와 무관한 불변량이기 때문이다.

아인슈타인에게 있어서 상대성이란 존재의 객관적인 조화에 대한 견해가 전개되는 중의 한 단계이다.

3

뉴턴의 중력에 관한 간단한 기술을, 아인슈타인은 시공의 결정체를 부드럽고 탄력성 있는 털이불로 바꾸는 일반 상대성 원리로 대체했다. 나중에 물리학자들은 중력과 전자기학에 영향력이 매우 약한 두 개의 핵력이 추가되었음을 발견할 것이다. 곧 (양자를 중성자로, 그리고 그 반대로의 변환을 제어하고 중성 미립자들의 상호 작용을 조절하며) 몇 가지의 방사성 현상들을 낳는 **약한 상호 작용**과 양자를 양자에, 중성자를 중성자에 고정시키는 **강한 상호 작용** 말이다. 면들이 네 가지의 힘을 보여주는 추상적인 입방체에 관한 연구로 인해 근대 물리학은 잃어

버린 대칭을 찾는 서사시적인 극으로 변화되었다.

S. 와인버그에 따르면 통합된 이론은 "더 근본적인 원리로 설명될 수 없는 원리들에 대한 고대의 탐구"를 그 최고점에 둔다. 물리학자들은 전자기 힘과 약한 힘을 **약-전자기 힘**이라 불리는 하나의 동일한 힘의 두 가지 양상으로 묘사하는 이론을 전개했다. 그리고 이 이론은 이것을 운반하는 개체들, 곧 대형 입자 가속기들에 대한 매개벡터보손*의 발견으로 유효성을 인정받는다(유럽분자물리연구소). 이러한 성공으로 활기를 얻은 물리학자들은 약-전자기 상호 작용과 강한 상호 작용을 연결하는 것을 목표로 하며 '대통일 이론'이라 명명한 입자들에 관한 형이상학을 구축했다. 이제 그들은 대담성과 야심으로 절정까지 밀고 나가며 중력을 포함한 네 가지 힘들을 전체적으로 파악할 물리-수학의 형식을 기획한다.

그렇지만 중력은 다른 것들과 같은 힘이 아니기 때문에 통합에 반항한다. 중력에 관한 양자 이론은 양자물리학과 일반 상대성을 융합하는 것을 목표로 한다. 이것들은 일반적으로 불과 기름과 같다.

새로운 물리학의 중요성은 물리학이란 물질의 최종적인 파편들에 대한 탐구가 아니라 상대성 이론과 양자 이론의 어휘들, 그리고 이것들의 종합을 위한 광범위한 실험의 장이라는 사실과 연관이 있다. 이제부터 **장의 상대성 이론**은 이론 물리학의 완벽한 용어, 소우주를 묘사하는 데 있어서 정제된 배경이 된다.

통일장 이론의 중심에서 우리는 **게이지의 대칭**이라는 심오한 개념을 발견한다. 필자는 이 복잡한 형식을 세부 사항까지 자세히 들어가지는 않겠다. 게이지 이론의 기본 방정식들은 질량이 없는 **게이지 보손**이라 명명된 입자를 적어도 하나는 필요로 한다는 사실을 아는 것으로 충분하다. 하나의 메커니즘이 그것과 맞는 장과 함께 고안되어 게이지 보손들을 무겁게 하며 W와 Z 보손들(약한 상호 작용의 무거운 매체들)과 닮게 해서, 광자의 무한한 가벼움을 보존하면서 결국은 그 보손들의 영향력을 제한했다.

이 메커니즘은 앞장에서 문제가 되었던 **상의 전이** 과정에 대한 연구에서 폭넓게 영감을 받은 **대칭의 균열**이다. 페터 힉스의 이름과 관련 있는 이 메커니즘은 쿼크가 립톤*으로 전환하는 데 원인이 된다고 추정되는데, 역시 불확실한 X와 Y 보손들에게 무게를 더하기 위해 매우 높은 에너지들에 이용되었다.

약-전자기 상호 작용 이론과 대통일 이론은 모두 힉스 장의 개념에 근거를 둔다. 결과적으로 힉스 보손들이 통일의 개념적 조합의 실마리를 구성한다.

오늘날 물리학자들의 모든 희망은 **SSC(초전도 초충돌자)**가 폐기된 이후로 유럽의 어깨(입자 가속기)에 걸려 있다. 그렇다고 해서 현대의 대서사시가 끝난 것은 아니다.

통일장 이론의 보편적인 교훈은 자연의 힘의 강도는 우주의 온도에 달려 있다는 사실이다. 공간의 팽창에 의해 식고, 겔 결정 속에 응고된 우리의 세계 속에서 네 가지의 상호 작용들은 뚜렷한 특성들, 별개의 역할들을 가진다. 이에 반해 최초의 맹화 속에서 이 상호 작용들은 아마 단 하나였을 거라고 물리학자들은 주장한다. 입자 가속기들은 원시 우주에서 우세했던 충돌을 극히 좁은 공간에서 재현하지 않을까? 초대형 망원경, 위성에 장착된 망원경, 대형 가속기들이 또한 이를 보완해 준다. 내부의 물리학과 외부의 물리학이 결합되는 것이다.

4

우리는 끝없이 낙하하므로 중력은 우리에게 익숙하다. 부수적으로 고통스러운 것은 낙하가 아니라 그것의 중단, 다시 말해 지면과의 충돌이다. 중력은 떨어지는 비, 별 중심의 붕괴, 다른 은하에 의한 은하의 먹힘, 얼마 전까지만 해도 우주론자들이 예언했던 우주의 잠재적인 수축까지 다양한 현상들을 지배한다.

이것을 아는 게 중요하다.

곧바로 본론으로 들어가서 중력 상호 작용의 매우 예외적인 특성을 알아보는 게 좋을 듯하다. 다른 모든 형태의 상호 작용들에서 중력을 구분할 수 있게 하는 가장 중요한 양상은, 중력 장에서 어떤 물체의 운동은 그 물체의 속성에 의존하지 않고 중력 장 자체의 속성에 의존한다는 점이다. 이 힘은 충전이나 스핀* 등 물체들의 다른 속성들과 독립적이다.

물체들은 보통 g로 표시되는 같은 가속도로 지표면 위에 떨어진다는 사실을 우리는 안다. 어떤 물체도 중력을 피하지 못한다. 반면에 전자기장에는 그 장의 영향을 받지 않는 전기적으로 중성인 물체들이 존재한다. 게다가 적합한 차폐막을 설치하여 전자기장의 효력을 완전히 제거할 수도 있다. 그러나 중력 장에 대해서는 그 어떤 차폐막도 효력을 발휘하지 못한다. "중력 장은 시공 기하학의 만곡*에서 유래하기 때문이다." 그러나 예전에는 가속도와 중력의 등가 하나의 중심 원리를 가정하는 것이 바람직했다. 그 원리, 즉 가속도와 중력의 등가 원리 없이는 일반 상대성도 존재하지 않았을 것이다.

어떤 물체의 질량을 구하는 방법은 알려진 힘에 의해 그 물체에 발생하는 가속도를 측정하고 뉴턴 방정식 $M=f/y$를 사용하는 것이다. 결국 관성질량(M_i)에 의해 정해진 양을 나타낸다.

질량을 구하는 또 하나의 방법은 다음과 같은 식 $f=GmM/r^2$를 사용하여 고려되는 어떤 물체에 지구와 같은 다른 물체에 의해 실행된 중력을 측정하는 것이다. 이렇게 얻어진 질량 $M_g=fr^2/GM$을 중력이라 부른다.

정확히 관찰한다는 한에서 모든 물체의 관성질량이 중력과 같다는 점은 매우 주목할 만하다. 잘 알려진 관측 현상이 하나 있다.

갈릴레이는 피사의 사탑에 올라가 여러 가지 물체들을 떨어뜨려 보고 나서, 자유 낙하하는 물체들은 같은 순간에 지면에 도달하며, 따라서 동일한 방식으로 떨어지는(지면을 향해 가속도가 붙는 운동을 하는) 것을 관찰한다.

실험을 통해 확인된 관성 질량과 중력 질량 사이에 아무런 차이가 없다는 사실은 중력과 가속도 사이의 어느 정도의 등가를 시사한다. 중력 장 안에서 동일한 장소에 놓인 모든 물체들은 동일한 가속도의 영향을 받는다. 다음과 같은 원리를 공표

할 수 있다.

관찰자는 자신의 실험실이 균일한 중력 장 안에 있는지 아니면 가속도의 영향을 받는 관성계에 있는지 말할 수 없다.

또는 우리가 운동의 묘사를 고려하는 한에서 가속도가 붙은 운동의 효과와 중력은 정확하게 서로 상쇄된다.

위성 궤도 위의 인간의 무중력 상태는 이 등가 원리의 결과이다.

자유 낙하하는 승강기 속의 관찰자는 드러나는 중력의 확인만으로는 엄밀한 의미에서 가속도가 얼마만큼 차지하고, 중력이 얼마만큼 차지하는지 말할 수 없다.

5

상대성의 범위 내에서 등가 원리를 어떻게 사용하는가? 아인슈타인의 체계에 따르면 자연의 법칙은 등속도의 중력 장과 가속도의 좌표계를 구분할 수 없게 씌어졌다.

특수 상대성에서 다른 관찰자들의 시간과 공간에 대한 지각은 그것들의 상대적인 속도*에 종속되는 요인들에 의해 확장(수축)된다. 그것들 중의 하나인 가속도(낙하)는 눈앞에서 공간과 시간층의 비틀림을 초래한다. 등가 원리에 의하여 가속도는 중력 장의 효과와 동일함을 낸다. 따라서 가속도가 이론적으론 당연히 시공의 비틀림을 야기한다. 역으로 시공의 비틀림은 가속도를 발생시킨다.

그러나 같은 아인슈타인의 원리에 따라 시공의 파인 곳, 요철이 그곳에 늘어서 있는 질량들에 의해 분명하게 야기된다. 질량들은 그것들 주변의 공간을 나팔 모양으로 벌어지게 한다. 작은 질량의 물체가 근처를 지나게 되면 다시 어쩔 수 없이 더 큰 물체——그리고 작은 광자에게 사로잡힌다. 이렇게 물질과 광선의 굴절을 향한 물질의 끌림은 매우 밀도가 높은 물체들에 의해 설명될 수 있다.

과실이 가지를 휘게 하듯이 질량은 시공을 휘게 한다. 빗줄기가 굽은 가지를 따라서 흘러내리듯, 빛의 비상은 시공의 휨과 일치한다. 따라서 질량이 있는 물체가 있을 때 빛의 경주는 더 이상 선적이지 않다. 그 원천 주변의 중력 장의 미세한 실체는 이렇게 설명된다.

중력은 시공의 만곡 속에서 효과를 발휘한다. 일반 상대성 이론은 시공의 기하학적인 속성이 공간과 시간 속의 물리적 과정의 변화를 결정함을 우리에게 알려 준다. 따라서 **선험적으로** 물리적 변화와 기하학적인 변화를 깊이 구분할 필요가 없다. 바로 이 점에서 힘들을 완전히 질서정연하게 만드는 일에 대한 꿈이 나온다. 그러나 이 꿈은 이루어지지 못한다. 왜냐하면 중력의 원인이 순수 공간 속에 있다면, 양자역학의 세 개의 상호 작용들의 원인은 물체들의 상호 작용 안에, 다시 말해 결국 그것들을 포함하는 물리적 진공 상태 속에 있기 때문이다.

20년이 지나 일반 상대성 원리는 저 바닥에 있는 듯하지만 사실은 크게 성공했다. 일반 상대성 원리는 자신의 가능성을 표현할 방도를 블랙홀과 우주론의 맥락에서 찾아낸다. 양자역학의 원리들까지 삼켜 버리며, 정말이지 만족할 줄을 모르는 블랙홀과 같다. 단일성 대신에 불확실성을 내세우는 양자역학의 불확정성의 원리가 유일성을 무너뜨리고 영과 무한들을 몰아내게 된다. 호킹 이후로 블랙홀은 구멍도 아니고 검지도 않으며, 그 가장자리는 회색이다. 멀리서 보면 이것은 그 질량과 반비례하는 온도의 입자들을 방출하는 차가운 물체와 유사할 것이다.

중력의 이례적인 지위가 백일하에 명백히 드러난다.

방정식들 속에 해로운 무한의 등장은 지금까지 중력의 양자화라는 시도에 부담을 지웠지만, 희망이 하나 떠올랐다. 곧 개념과 관련해서 이 세기의 마지막 모험이 하늘의 현들 아래서 시작된다. 이 2차원의 개체들은 상대론적인(특수 상대성의 관점에서) 역학의 방정식들을 따르고 대부분의 시공을 규정한다. 이 시공에서 개체들은 상호 작용들과 마찬가지로 사실상 추가적인 차원을 도입하는 대가로 움직인다. 불행히도 그것들의 존재에 대해서 실험으로 확인된 적은 없다.

스콜라학파의 광휘로의 회귀는 경험주의자들을 불안하게 만든다. 그들이 안심하기 위해서는 혼돈의 물리학이 우리를 불확실하고 죽음을 면할 수 없는 우리의 상황으로 돌려보내기 위해 존재해야 한다. 그리고 결정론에 대해 교육적으로 훌륭한 예를 제공하는(예를 들면 무거운 진자) 여러 가지 입자들로 구성된 조직들의 일정한 반응은 규칙적이라기보다는 예외적이어야 한다. 혼란스러운 변화를 나타내는 체계들이 상당히 많기 때문에 우리는 자연의 경이를 말할 수 있는 것이다. 물리학자의 혼돈은 절대적이 아니며 진공도 무가 아니라는 사실을 분명히 밝히는 게 좋겠다. 그렇지 않으면 말할 필요도 없겠지만. 그것들의 한 가운데에는 이성에 민감한 물리수학적인 어떤 질서가 여전히 존재한다. 혼돈은 물리학자와 도박자의 법칙들(우연·가능성) 사이의 단절을 제시하는 듯하다.

통일된 인식론적인 프로그램으로 인해 최종적 이론의 꿈이 싹텄지만, 세계를 만드는 기본적인 힘들을 통합하는 즐거움을 실제적으로 맛보기에는 너무 오래된 세계에 우리는 너무 늦게 왔다. 그래도 우리에게는 약한 힘이 강한 힘에 필적하고 립톤과 쿼크가 혼동되는 자연의 웅장한 상태를 계산과 추론으로 재현하는 특권이 남아 있다.

6

결국 물리학에는 양식 및 학파·태도가 있다. 세계를 바라보는 태도들, 시각들이 있듯이 물리학에도 태도들이 있다.

자연 현상에 대한 분석은 갖가지 양상들을 분리하고 그것들을 물리학의 여러 분파들의 연구 대상으로 한다. 어떤 방식으로 우리는 물리학을 나눌 수 있는가? 마음속에 와닿는 첫번째 분할은 물리 현상의 기초가 되는 기본적인 상호 작용 혹은 힘에 관계된다. 발견 순서대로 결정적인 네 가지 힘들을 구별해 보자.

중력

전자기 힘

약한

원자력

강한

어떤 경우에도 이 힘들 중의 어느 하나도 배타성을 갖지 않지만, 하나의 우세한 유형을 분명히 지각하고 다른 힘들은 무시하는 일이 종종 가능하다. 예를 들면 태양 주위 행성들의 운동을 관찰할 때, 우리는 태양이 중력 현상의 지배를 받고 다른 힘들의 영향은 무시해도 좋음을 알게 된다. 마찬가지로 원자 구조와 관련해서 지배적인 역할은 전자기 힘에 의해 행사되며 핵과 전자들 사이의 중력 상호 작용은 전자기 상호 작용보다 대략 10^{40} 정도 약하다.

현상들에 대해 수긍할 만한 두번째 분류는, 그것들을 묘사하기 위해 전제된 기본 요소 중에서 우리가 선택한 혹은 선호하는 단계와 관련된다. 우리는 현상들을 소우주의 단계에서, 다시 말해 광자·전자·중성 미립자 등의 개별화된 입자들의 단계에서——혹은 대우주의 단계, 다시 말해 우리의 지각 대상들의 단계에서 검토할 수 있다.

실제적으로 우리가 만나는 미세한 물질들과 관련된 모든 상황 속에서 우리는 양자역학의 법칙들을 이용할 것이다. 반면 수많은 미세 물질들로 구성된 조직들을 묘사할 때, 우리는 대부분의 경우 고전 역학의 도움을 받을 수 있다. 양자역학의 법칙들은 고전 역학의 제한된 절차들로 얻어진 법칙들보다 더 일반적이다.

양자역학의 물체의 모형은 완전히 다르다. 그것은 완벽히 결정된 위치나 추진력이 주어진 어떤 입자에 동시에 부여되도록 허락하지 않는 불확정성의 원리*에 종속된다.

세번째 구별은 관련된 물체들의 속도와 연관이 있다. 우리는 그 물체들의 속도 중 적어도 어느 하나의 속도가 빛의 속도에 필적할 만한 상황을 상대론적이라고 규정한다.

이러한 구분에는 절대적인 것도 독점적인 것도 전혀 없다는 사실에 주목하는 게 좋겠다. 예를 들면 전자기 방사는 본래 상대론적이다. 전자기장의 왜곡이 빛의 속도로 퍼지기 때문이다. 따라서 개별적인 광자들과 관련된 현상들에 관한 가장 정확한 이론은 양자역학적인 동시에 상대론적이다. 이 이론의 이름은 양자전자기역학*이다. 오늘날 이것은 물리학의 이론들 중에서 가장 정확한 것으로 여겨진다.

이 이론은 다음 세 개의 기둥에 기초를 두고 있음을 상기할 필요가 있다.

1. 맥스웰의 전자기 이론,

2. 양자 이론,

3. 특수 상대성 이론.

실험 데이터와 놀랄 만큼 일치하더라도, 이 기둥들 중의 어느 하나라도 무너지면 이론 전체가 자체의 무게를 이기지 못하고 붕괴될 것이다.

7

물질은 마지막 성채 속으로 떠밀린 나머지 붕괴된다. 물질은 가속도가 붙은 입자들의 빗발 속에서 **존재의 확률이라는 파동**으로 탈바꿈한다. 우연에 대한 평은 더 이상 나쁘지 않다. 그것은 이제 '통계 확률'로 바뀌었다. 여기에는 존재할 거라는 추측만 있다. 신성불가침의 '자명한 이치'는 양자역학의 검은 대양 속으로 빠져들고, 물리수학의 모델들만이 유일하게 상상력을 돕는다. 관찰 결과 물질은 모호해진다. 게다가 보이지 않고 불가사의하며 그림자놀이의 스페이드 에이스에 의해서, 어두운 물질에 의해서 그 자리에 놓인 것 같은 다른 물질 형태로 인해 빛을 내는 평범한 물질의 유폐가 천문학적 관측 덕분에 밝혀진다.

불확실하고 논쟁의 대상이 되며 가장 쉽게 희미해지는 물리적 실체들이, 이처럼 자신들의 존재-부재의 물리학을 영광스럽게 하기 위해 왔다. 중성미립자, 검은 물질, 양자역학의 진공이 묘지 없는 시체들처럼 표시도 없이 쓰러져 있다. 그것들을 인식하기 위한 의식과, 표현하기 위한 기술을 양성할 수 있을까?

과학적 이론화는 동일한 것으로 단순화하는 기술과 뒤섞인다. 따라서 물리학의 전개는 단 하나의 방정식으로 요약된 단 하나의 과정을 밝히는 것을 목표로 한다. 이러한 일원론적인 사고는 물리학 법칙들의 대통일 이론을 목표로 굉장한 꿈을 키운다. 그렇기는 하지만 동일한 것으로의 단순화가, 다시 말해 대립되는 모든 것의 제거가 언제나 설득력 있고 절대적인 가치

를 지닌다고 확신할 수 있을까? 가능성이라는 소리 없는 힘을
단일성 안으로 통합시켜야 할까? 단일성은 개체들 중에서 가
장 조용하다.

제4부

1

　세계는 원자들로 구성되어 있고, 그 원자들이 배열되어 우주를 형성한다. 일자가 있다. 하지만 어떻게 그것이 존재하는가? 그리고 일자에 대해 논할 때 우리는 어떠한 단일성에 대해 말하는가? 형식적인 단일성인가 실체의 단일성인가? 둘 다이다. 도처에 동일한 동기, 원자와 별들, 별 속의 원자들의 확산이 있다. 어디에나, 그리고 언제나 기계적인 동일한 운동들, 따라서 동일한 물리적 조건 속에서 동일한 현상들이 반복되고 표현된다. 관찰에 의하면 강한 상호 작용과 약한 상호 작용, 전자기 상호 작용, 중력 상호 작용은 물질의 동일한 원소들에 대해 어디에서나 동일한 세기로 작용한다. 기본적인 이 네 가지 힘들만이 세계 및 그것의 지속적인 변화, 끝없는 변화를 주장하고 설명할 수 있다. 여기에 있는 원자들과 법칙들은 저기에 있는 것과 같고, 여기 없는 것은 아무데도 없다. 우주론에 '우주'라는 단어에 어떤 의미를 부여하는 것 말고 다른 목적은 없다. 세계 창조와 우리가 살고 있는 순간 사이의 유일한 차이점은, 우리가 살고 있는 순간의 세계는 세계가 존재한 이후인 데 반해 창조시의 세계는 세계가 존재하지 않았던 이후였다는 점이다.

> "오늘 아침, 한 천문학자로부터 10억 개의 태양 얘기를 들은 이후로 나는 몸을 씻기를 그만두었다. 계속 씻어 봤자 무슨 소용이 있겠는가?"
>
> 시오랑

시오랑의 절망의 대상은 정말로 우주론적이다. 그렇지만 상심할 필요는 없다. 우주론의 추론적 성격은 물리학과 역사성을 동시에 만족시키는 듯하기 때문이다. 각 시대는 그 시대에 맞는 우주론을 쌓아 올렸다. 우리는 빅뱅과 초팽창, 양자역학의 진공, 검은 물질의 우주론 위에 있다.

현대의 우주론은 우주의 기원과 진화, 그것의 내용과 구성을 설명하고, 그 변화를 유도하는 과정들을 밝히며, 따라서 시간과 공간의 전 영역에 미치는 것으로 추정되는 물리학의 법칙들에 대해 보다 깊은 이해를 얻는 것을 목표로 한다.

이렇게 우주는 단어들로 산산조각 났다가 방정식들의 모습으로 재통합되었다. 그러나 이성적인 인간의 머릿속에서 이 단어들은 '삼각형' 또는 '평행선' 들의 위엄 이상은 얻지 못할 것이다. 우리는 달까지 가게 되었지만, 유클리드와 같은 세대라 할 수 있다. 의기양양한 우주론의 만족해하는 관점을, 우리는 그 증거들을 찾는 사유의 어떤 규율의 관점으로 대체할 것이다.

2

천문학은 코스모스에 대한 3차원적인 시각(거리의 기준과 단위)을 제시하며 우주를 깊이 탐험하고 그 구조를 밝힐 수 있었다. 희미한 아라크네, 멋진 나선의 무리가 밤하늘을 돋보이게 한다. 우리는 이것들을 오리온 성운 같은 가스 구름들과 혼동할 수 있었다. 맥동 변광성이라 불리는 어떤 별들은 광도가 극에 도달했다가 천천히 감광하며 규칙적으로 변한다. 여기서 우리는 거리 단위(맥동 변광성들은 상당히 멀리 있고, 실제로 매우 밝다)를 끌어낸다. 새플리는 구상 성단*이라는 별들의 촘촘한 다발 속에 맥동 변광성들의 꽃을 꽂으면서 그것들의 거리를 측정했고, 그것들의 중심은 은하의 중심과 일치하며 우리와 아주 멀리 떨어져 있다는 사실을 밝혀냈다.

이렇게 인간은 은하 중심에서 아주 멀리 있는 평범한 어떤 별 가까이에 거주한다. 우리는 우리의 태양계 자체에서도 중심에 있지 않다! 코페르니쿠스의 발설 이후, 인간의 자만심에 대한 두번째 모욕이 아닐 수 없다.

에드윈 허블은 안드로메다 성운에서 몇몇 맥동 변광성들의 거리를 측정하고서 안드로메다 성운은 은하를 둘러싸는 구상 성단 너머에 위치하고 있음을 추정했다. 유백색이라는 단어, 즉 은하들이 천문학에 등장한다. 너무 일찍 젖을 뗀 인간은 흐르는 우윳빛 강에 입을 댔다. 이것은 어떤 지적인 혁명, 인식의 도약 이상의 사건이었다. 은하계에서의 최초의 외출이었다. 은

하계 밖의 천문학의 시대가 열렸다. 우수한 사유의 세기를 보내고 격론을 거듭한 끝에, 인간은 수천억 개의 별들이 있는 거대한 은하수가 우주의 한 섬에 불과하다는 사실을 마침내 받아들이게 되었다. 우윳빛 안개 너머 사방에 셀 수 없이 많은 별들의 아치가 언뜻언뜻 보인다. 현재는 또 다른 우주 섬들의 실제 거리가 알려졌는데, 그것들은 수백만 수십억 광년의 거리에 있다. 인류는 달에 발을 디디며 단 1광초를 뛰어넘은 것이다. 빛이 우리에게 오는데 어째서 이동하는가?

1912년, 애리조나 로웰 천문대의 V. M. 슬라이퍼는 수많은 성운들이 마치 지구에서 멀어지는 것처럼 붉은색 쪽으로 이동하는 복사를 방출한다는 사실을 처음으로 알아낸다. 1925년에 허블과 허머슨은 이 스펙트럼선들의 편이는 몇몇 성운들뿐만이 아니라 모든 성운들의 특징이라는 사실을 알게 된다. 또한 그들은 성운들이 멀리 있을수록 적색편이가 더 심하다는 사실도 확인한다.

이렇게 은하들의 실재를 입증한 지 4년 만에 허블은, 수천억 개의 은하들과 함께 가시적인 우주 전체는 정지해 있지 않고 일정하게 팽창한다고 발표했다. 은하들은 성단 내에서처럼 중력이라는 끈으로 묶일 때를 제외하고는 서로 멀어진다.

은하들 사이의 공간은 팽창한다. 그리고 절망, 즉 우주도 인생과 마찬가지로 변함을 알게 된 아이의 크나큰 실망이 우리를 엄습한다. 공간과 시간의 엄청난 증대는 시인의 열광과 비견할 만한 그것을 일으킨다. 보들레르의 아편 중독자처럼 물리학자는 "능력의 손상을 입어 가장 단순한 현상들에 이상하고 끔찍한 가치를 부여하게” 될까?

모든 것이 우리가 사는 공간에서부터 갈라지는 것처럼 보인다. 은하수가 우주의 중심인 것 같다. 마치 우리 은하가 초기 폭발의 중심이었던 것처럼 은하수 주변의 모든 은하들이 거리에 비례하는 속도로 멀어지는 듯하다. 착각이다! 일률적으로 팽창하는 우주에서는 어떤 은하에서 보더라도 다른 은하들이 거리에 비례하는 속도로 멀어지는 것을 볼 수 있다. 일률적인 팽창은 인간의 세계가 우주의 중심이 아니라는 상황으로 귀착될 수 있을 뿐이다. 우주에는 중심이 없으므로.

지구는 태양계의 중심이 아니고, 태양은 우리 은하의 중심이 아니며, 우리 은하도 우주의 중심이 아니다.

이러한 제3의 코페르니쿠스적 전환의 관점에서 천문학자들은 낙담하기는커녕 우주 전체의 도면을 그리고 그 역사를 밝히기 시작했다.

3

우리는 사유를 통해서 하늘에 있는 물체들의 불균일한 전체를 연속적인 물질의 유체로 대체했다. 우주론의 원리*는 이러한 기층이 다양한 지점에 있는 관찰자들 모두에게 같은 양상을 보인다고 가정하는 것으로 구성된다. 밀도의 단위는 시간의 단위이다. 우주는 공간 속에서 일정하고 시간 속에서 변화하는 밀도를 가진 어떤 유체로서 표현되기 때문이다. 시공은 여기서 그

완전함을 잃는다. 그것은 미분화된 공간과 생성을 담고 있는 우주의 시간으로 나누어진다.

3차원의 공간, 작은 새들의 공간은 가장 간단한 식, 곧 내용의 평균 밀도로 환원된다. 이보다 더 확실한 축소를 생각할 수 있을까? 모든 영광이 시간, 곧 우주의 지배자에게로 돌아간다. 이것 역시 새로운 절대를 끌어들이는 일은 아닐까? 균질의 물리적 환경의 이 여건이 옛 에테르와 함께 사라진 보편적 좌표계의 몇 가지 특성들을 다시 끌어들이는 것은 아닐까? 관찰자들은 통계적으로 동등한데, 어느 주어진 순간 모두에게 동일한 어떤 **절대**(우주의 미분화된 기층)에 대하여 그렇다는 얘기다. "뉴턴 역학이 전제하는 등가를 우리는 개체의 단계에서 볼 수 있고, 우주의 시간에 대한 가정이 이 등가를 체계화한다"고 마리 앙투아네트 토늘라가 썼다. 절대적 공간에 대한 뉴턴의 환영을 완전히 없애지 못한 것이다.

우주의 방정식들의 간단한 해독과 관측은 일치한다. 우주의 역사는 공간 팽창의 역사인데, 팽창은 물질이 물질을 끄는 힘인 중력의 방해를 받는다. 그리고 중력은 에너지 밀도, 다시 말해 세제곱센티미터당 에너지 총량의 내용, 곧 진공 및 빛, 가시적이고 비가시적인 물질의 에너지 총합으로 측정된다.

모든 형식을 망라한 우주의 에너지 밀도가 어떤 임계 수치(약 10^{-29}**g/cm³**)를 넘으면, 그 우주는 닫혀 있다고 말한다. 이 우주는 팽창에 뒤이어 수축이 오는 영원한 회귀의 주기 속에 있다. 그렇지 않으면 우주는 끝없이 희석될 운명에 있다. 바로 이러한 운명이 오늘날 지배적인 듯하다.

4

우주의 법칙들: 우주는 수학 법칙들로 통합되고 활기를 띠는 공간-시간-물질로서 나타난다(공간-시간-물질의 연결 부호는 방정식의 형태로 항구적으로 표현할 수 있는 관계를 나타낸다). 물질 자체는 우주의 온도에 따라서 여러 가지로 변하는데, 우주의 온도는 우주가 팽창함에 따라 계속해서 낮아진다. 따라서 우주는 법칙에 의해 통합된다. 그런데 그 법칙들이란 무엇인가? 변화하는 양들 사이의 지속적인 관계들을 말한다. 변화의 법칙들은 변하지 않는다.

법칙들의 법칙 혹은 메타 법칙들은 구체적이고 실제적인 법칙들의 표현법을 지배하고, 대칭의 원리들은 방정식들의 표현법을 규제하며 그 형식을 제한한다. 구속의 은총이 표현법을 완성하도록 돕는다. 방정식으로 씌어진 법칙이 하나 있다. 따라서 우주는 그 자체가 과학 법칙들로 표현된 법칙들의 기초 위에 세워진 우주론의 모형을 이해함으로써만 접근할 수 있는 이론적인 개념이다. 우주는 사물의 모형 위에서 구상될 수 없다. 우리는 이 우주의 내부에서부터 언어로 말하고 있기 때문이다. 우리가 찾아야 할 것은 차라리 어떤 질서일 것이다. 그 질서는 시간적이고, 우리는 그 질서의 보증인일 것이다. 우주는 경험적으로 주어지고 이론적으로 구성된다. 관찰에 의하면 우주는 흩어져 있는 다수의 은하들로서 모습을 드러낸다. 이론에 비추어 보면 우주는 개념적인 건축물로서 제시된다.

공간-시간-물질: 우주에 대한 현대적 발상의 이해 속에서 첫 단계는 상대주의적인 숙고를 획득하는 것이다. 이것이 없다면 우리는 우주론의 미로 속에서 눈을 가린 채 길을 잃고 떠돌게 될 것이다. 실제로 오늘날 조작의 언어와 규칙들을 획득하지 않고서 어떻게 우주의 본질적인 일자에 대해 말할 수 있겠는가? 상대성은 물체들 사이의 시간과 공간의 관계를 묘사하는 데 따라야 하는 원칙이다.

아인슈타인은 공간과 시간, 물질을 모두 한데 붙이면서 하나의 삼부작, 거의 분리시킬 수 없는 삼위일체를 만들었다. 우리는 물질과 물질적 우주의 정의를 단 한번에 갖게 된다. 물질이란 무게가 나가는 모든 것, 공간을 구부리는 모든 것이다. 중력은 공간의 만곡을 일으키는 것으로 이해되기 때문이다. 이러한 의미에서 빛은 물질이다. 실제로 빛은 별들에 의해 굴절된다. 본래 물질은 빛의 수준까지 자신을 끌어올리고, 상호적으로 빛은 물질의 수준으로 자신을 끌어내린다.

장의 양자 이론으로만 설명이 가능한 어떤 자연 상태가 물질과 빛 모두보다 먼저 있었다. 그 자연 상태란 '진공'을 의미하는데, 이것을 무와 동일시하는 것은 잘못되었다. '진공'은 기원에 대한 추론에서 논리적이며 우주적인 질서의 정점에 위치한다. 빛은 진공에 대하여 딸이 아버지에 대한 것과 같다. 따라서 우주는 시공과 우주에 내포된 에너지의 총합으로 정의되는데, 우주의 에너지는 진공에서 빛과 물질로 분류된다. 이 트리오 내부의 관계들은 양자의 원자물리학과 상대성 원리로 묘사된다. 물질 혹은 에너지를 V-L-M 트리오라고 부르는 데에 모두 동의할 것이다(E와 M은 $E=Mc^2$와 같다).

빛은 이차적이다. 최초의 아버지, 최초의 시인은 물리학의 진공이다. 이것은 모든 시작들로 가득 차 있다. 하지만 이것에 대해 필자는 다른 지면에서 충분히 언급했다(《진공과 창조에 대하여》, 오딜 자콥 출판사).

5

30년 전부터 빅뱅의 우주는 계속해서 발전하고 세계의 기원 모형으로서 구체화된다. 약 백억 년 전에 어디에서인지 모르는 미지의 것으로부터 결정적으로 시간과 공간, 에너지의 삼부작이 떠올랐다. 이 사건으로 야기된 충격은 우주를 팽창하게 만들었고, 그때부터 우주는 팽창을 멈추지 않았다.

이론의 관점에서 빅뱅은 괄목할 만한 성공을 거두었다. 입자물리학과 일반 상대성 이론, 열역학 간의 수렴점은 둘도 없이 소중한 개념적인 틀을 제공한다. 우주 공간을 점철하는 구조와 별들의 형성에 이르기까지 우주의 진화와 관련된 모든 장면들을 그 안에 담는 데 성공한다.

입자물리학자들이 기뻐할 만한 것을 생각해 낸다. 그것은 예산 삭감을 당하지 않을 입자 가속기다!

천문공학자들이 기뻐할 만한 것을 생각해 낸다. 곧 최초의 하늘이 하나의 도전 대상인 것이다. 그들은 빅뱅 위에 제시된 빛의 주름들까지 분석할 수 있었다.

종교인들도 기뻐할 만한 것을 생각해 낸다. 여기서 그들은 천지창조의 과학적 이론을 발견한 것이다. 그럼에도 불구하고 그들은 큰 환멸을 느낀다. 신학적인 관점에서 우리는 천지창조를 결코 현장에서 포착할 수 없을 것이기 때문이다. 이론적으로 태초에 새어나왔을 것으로 추정되는 광자와 중성미립자, 중력파들을 관찰함으로써 감각적 혹은 추상적으로 또는 중력과 양자의 힘들을 통합하는 이론을 이용해서 그것에 다가갈 수 있을 거라고 주장한다고 해도 말이다.

영시는 아직 존재하지 않은 어떤 시간 속의 한순간을 의미하기 때문에 역설적이다. 영에 대한 과학적인 이론은 없다. 최초의 사건은 대개 교묘히 시간을 피해간다. 우리는 그것을 아주 고온 물질의 방사와 입자 형태하의(물리학자들이 제시하는 고온의 불안정한 입자들) 에너지의 집중으로 묘사한다. 이 사건의 원인에 대해서는 아무 말도 없다. 따라서 그것은 존재론적으로 최초의 것으로 암묵적으로 가정된다. 진공의 한 변덕을 보여주지 않는 한.

좀더 겸손하게 이것은 순전히 종교적인 의미의 천지창조와 혼동하면 위험을 초래할 우주 최초의 행위로 생각하자. 물이 솟는 바위 밑의 물처럼, 우주론은 수리물리학적 표현의 극단 아래에서 보이지 않는다.

6

결국 빅뱅은 관측된 외부 은하들 대부분에 적용할 수 있는 틀을 제공하고, 그것들의 모습을 드러내는 배경막의 구실을 한다.

고전적 우주론에서 정성껏 소제하고 다듬고 윤을 내고 옻칠을 한 우주는, 표면이 매끄럽고 그 내용물도 완전한 유체이다. 이 이론 모델, 곧 팽창하고 있는 어떤 우주를 묘사하는 아인슈타인의 상대성 이론의 방정식들의 해로 인해, 지구와 은하가 잠겨 있으며 우주 어디에나 있는 배경 복사를 펜지어스와 윌슨이 발견(1965년)한 것과 같이 완전히 새로운 현상들이 통합될 수 있었다. 따라서 이 모델에는 예측의 위력이 있다. 이 천문학자는 빅뱅에 유리하게 자신의 기념품들을 전시한다. 그가 근거를 둔 우주론의 규모에 관한 네 가지 관측 사항은 다음과 같다.

1. 우주의 팽창,
2. 어디서나 균일하게 풍부한 헬륨,
3. 우주 전자파,
4. 우주의 나이(약 150억 년).

이 모델의 주요한 특질은 우주의 전체적인 밀도인데, 소위 어떤 임계 밀도를 넘으면 그 우주는 열려 있고 임계 밀도 아래이면 닫혀 있다고 한다. 그 밀도가 임계 밀도와 같은 우주는 평평하다. 구부러짐도 없다. 역으로 곡률이 0인 우주는 필연적으로 임계 밀도를 갖는다.

이것은 간단히 증명된다. 곧 어떤 열린 우주는 물질의 운동 에너지가 중력 에너지보다 크다. 이 우주는 쉴새없이 팽창하게 되어 있다. 반면에 닫힌 우주는 물질의 운동 에너지가 중력 에너지(포텐셜 에너지)보다 낮다. 언젠가 중력이 물질의 운동에너지를 압도하고, 팽창은 수축으로 이어질 것이다. 앞의 두 경우 사이에 걸친 임계 우주는 운동 에너지가 중력의 포텐셜 에너지로 정확하게 상쇄된다.

결국 임계 밀도는 본래 우주의 에너지 총합(운동 에너지+포텐셜 에너지)을 0으로 만드는 밀도이다. 이 임계 밀도는 $3H^2/8\pi G$이다. 따라서 이것은 값이 대략 65km/s/Mpc로 추정되는 허블 상수 **H**에 달려 있다. 오메가(Ω)로 표시되는 밀도의 변수는 임계 밀도에 대한 우주 밀도의 비율이다. 따라서 이것은 H^2에 달려 있다.

7

행성의 단계로 분할된 각양각색의 우주는, 충분한 단위(3억 광년 이상)로 파악될 때 하나의 균일한 우주가 된다. 우주는 오래됐고 단순하며 평평하다. 다음 사항들은 우주론의 규모와 관련된 현상들로 기억해둘 만하다.

1. 우주의 전자파는 매우 균일하다.

2. 우주는 확실하게 열려 있지도 확실하게 닫혀 있지도 않다.

곧 임계 밀도에 가깝다. 우주는 유클리드가 생각한 대로는 아니어도 존재자와 매우 비슷하다.

사물들만큼의 역사가 만들어졌다. 막이 열리자마자 단 몇 초만 소비했던 진화의 초기에 나타났던 것들이 분명해진다. 공간의 팽창은 결국 온도의 하강으로 이어진다. 결국 온도가 내려가고, 이와 함께 구성 입자들 각각의 에너지도 떨어진다. 에너지가 점차 떨어지는 과정이 연속된다. 보통의 원자의 핵은(절대적으로 가벼운) 우주 생성의 최초 사건이 일어난 후 3분 동안 형성된다. 아마도 이로부터 30만 년 뒤 우주는 우주 고유의 투명한 복사를 내보낸다. 이때 나오는 전자파는 공간의 팽창 속도로 식는다.

고대 우주와 현재 사이의 가장 긴밀한 연관성은 풍부한 중수소*와 또 다른 가벼운 핵들, 헬륨 4·리튬 7인데, 이 원소들은 금속들이 거의 없는 환경에서 관찰되며 아주 오래되었고 별로 진화되지도 않아 대폭발이 끝날 때의 물질을 나타낸다.

중수소는 핵이 매우 약하기 때문에 별에서 생겨날 수 없다. 이것은 연소를 일으키기보다는 연소된다. 이것은 대부분의 헬륨 4가 그렇듯이 대폭발시에 나왔다. 오염된 별로부터 보호된 환경에서 수소 원자에 대한 중수소 원자들의 수는 현재 우주의 바리온* 밀도의 한 지표가 된다.[12]

오늘날 주된 어려움은 수소에 대한 가벼운 동위 원소들, 중수

---

12) 좀더 자세히 알려면 《La Recherche》(1998)에 실린 M. 카세와 E. 방지오니-플랑의 논문을 참조하시오.

소·헬륨 4·리튬 7의 초기 비율을 확립하는 일이다. 여기서 '초기'라는 말은 '대폭발이 끝난 후'를 의미한다. 천문학은 관측과 이론의 확대 적용을 결합하며 이 부분에 힘차게 전념한다.

관측으로부터 추론된 우주의 원소 존재도[13]와 최초에 합성된 원소들을 예측하여 비교하면 우주의 바리온들의 밀도를 측정할 수 있고, 그것을 임계 밀도에 따라 수치화할 수 있다. 이렇게 얻어진 수치는 1에서 5퍼센트이다. 곧 바리온(양자와 중성자로부터 만들어진) 물질의 밀도는 임계 밀도의 몇 퍼센트에 불과하다.

따라서 우주를 닫기에는 물질(일반적인 의미에서)이 많이 부족하다고 단언할 수 있다. 그리고 바리온의 밀도는 미약한 수치에도 불구하고 별들의 밀도보다 매우 높음을 확인할 수 있다. 천문학 관찰을 통해 우리는 실제로 우주에는 빛을 내는 물질이 거의 없다는 사실을 알게 된다. 은하들의 '중량 측정'으로부터 추정된 물질의 밀도는 임계 밀도의 5퍼밀에 이르지 못한다. 바리온 물질과 빛을 내는 물질 사이의 이러한 격차는 빛을 내지 않는 바리온 물질이 (혹은 '검은' 물질) 빛을 내는 물질(살아 있는 별들)보다 더 강함을 다투어 알려 준다.

최초의 원소 합성의 강력한 결과들 중의 하나는 현존하는 우주 물질이 지금보다 더 뜨겁고 더 밀도가 높았던 고대에 있었다는 사실이다. 우주를 채우고 있는 전자파는 이 사실에 대해

---

13) 우주의 최초 원소 존재도에서 추정된 수치들은 다음과 같다. $D/H=$ 0.5에서 1과 10^{-4}, $^4He/H=0, 1$, $^7Li/H=1$에서 2와 10^{-10}.

더욱 타당한 증거를 보여준다. 투명한 이것은 시간을 거치며 전해지는 최초의 열에서 나오는 빛에 불과하다. 우주 전체에서 극초단파 복사가 거의 균일하다는 사실은 그것이 방출될 당시의 상태가 균일했다는 것에 대한 값진 증거이다. 그렇지만 우주가 균일한지 균일하지 않은지, 평평한지 평평하지 않은지를 어떻게 설명할까?

8

균일성과 평평함의 문제는 '우주의 초팽창' 가설의 도움으로, 적어도 형식적으로는 해결되었다. 공간이 놀랍도록 늘어남을 주장하는 이 이론의 결과 중의 하나는 초기의 우주 상태가 어떠했든지간에 우주를 늘이면서, 따라서 우주의 휜 부분을 펴면서 필연적으로 우주를 임계 밀도로 이끈다. 대폭발의 범위 내에서 가벼운 원소들로부터 추론된 바리온 밀도가 기껏해야 임계 밀도의 5퍼센트에 이르므로, 팽창 구도의 채택은 물질의 대부분이 아직 알아내지 못한 '검은' 혹은 투명한('진공') 상태에 있음을 의미한다.

우주의 초팽창과 함께 우리는 기원과 어느 정도 관계를 끊는다. 초팽창 이후의 상태가 이전의 환경과 거의 별개이기 때문이다. 초팽창으로 인해 우주는 자동적으로 평평해진다(따라서 밀도도 겨우 임계 수준에 이를 수 있을 뿐이다). 다른 말로 하면 현재 우리의 관측으로는 초팽창 이전의 우주 상태에 대해서 추론하기란 불가능하다. 그렇다고 해서 현재 우리가 기원의 문제를 고찰하지 않는 것은 아니다. 우리는 그 가능한 환경에 대해 여전히 규정할 수 있다. 곧 특별한 진공 상태(진공과 유사한 상태)의 앞선 존재와 양자역학의 적법성과 이 진공의 상대성에 대해서 말이다. 초팽창 이전의 우주는 이미 물리학의 법칙들에 포위되어 양자역학과 상대성 이론의 원칙들이 적용된다. 따라서 초팽창 이전의 우주도 같은 법칙들에 의해 제약을 받았다. 따라서 코스모스는 초팽창이 끝난 그때부터 시작된다고 말하는 것은 잘못되었다.

9

우주론에서 모형과 현실 사이가 이렇게 크게 벌어졌던 적이 없었다. 본원적인 유일성과 항구적인 우주론, 검은 물질이 이 이론의 세 가지 골칫거리다. 두번째가 가장 큰 문제다. 진공의 에너지 밀도와 관련해서 여전히 소란스럽기 때문이다. 입자들에 관한 수치들에서 천문학자들 사이의 격차가 상당히 큰데, 천문학자들은 이것을 항구적인 우주론과 직접 연결시킨다(《진공과 창조》에서 〈진공의 문제〉라는 장 참조). 격차가 너무 나서 우리는 눈을 비비게 된다. 즉 차이가 10^{100} 또는 그 이상이 된다.

이러한 이론적 기형으로 인해 우주론은 실패한 가설들의 묘지로 충분히 보내질 만할 것이다. 흉터를 잘 가리는 매우 솜씨 좋은 방정식들의 외과 의사가 그 자리에 없다면 말이다. 과학의 체면을 위해서 우리는 빅뱅에 찬성하는 목록들과 우주 폭발론(일반적으로 우주론과 빅뱅, 특히 초팽창)을 비판하는 목록들의 균형을 냉철하게 맞추어야 한다.

찬성: 간단하고 효과적이며 견고하다.

비판(거칠게): 초기 환경.

마이모니데스의 계승자들은 부득이한 경우에 초기의 환경은 신에게 속해 있고, 진화의 방정식들은 물리학에 속한다고 말하며 이 난관에서 벗어날 수 있을 것이다.

10

열역학의 차원에서 우주의 역사는 공간 팽창으로 인한 전반적인 온도 하강의 역사로 기술된다. 장소에 따라 몇몇 천체들은 집결하며 물질을 덥힌다고 해도 말이다. 우주는 연속되는 두 단계로 성숙한다. 곧 '비가시적인' 진화(대략 첫 백만 년까지)와 '가시적인' 진화(백만 년에서 150억 년까지)로. 불투명한 시기는 무엇보다도 대칭의 균열과 반물질의 소멸, 중수소와 헬륨·리튬의 최초 합성에 의한 우주의 출현을 포함한다. 대칭의 균열로 인해 자연의 네 가지 힘들은 분화된 운동들에 영향을 끼친다.

이 최초의 단계는 약 1백 초를 넘지 않지만 물리적 우주의 안정된 구성 요소들, 곧 양자와 중성자(헬륨의 핵 속에 포함된)·전자·광자와 이것들을 조직하는 네 개의 다른 힘들의 출현을 주재한다. 원자는 양자에 의해 전자가 포획되어 생긴다. 지금까지 불투명했던 우주는 이때부터, 곧 묶여 있던 전자들이 더 이상 양자들을 붙잡지 않기 때문에 밝혀진다. 우주의 여명이 밝아오는 것이다. 빛은 물질로부터 떨어져 나가 물질이 자유롭게 구성되게 놓아둔다. 이때 방출되고 공간의 팽창으로 느슨해진 전자파는 오직 전파 망원경으로만 감지할 수 있는 형태로 150억 년 뒤에 지구에 도달한다.

이와 같은 분리의 행위로 우주는 투명하고 친물질적이 된다.

우주의 가스*는 별들에서 피어나는 거대한 구름으로 나누어진다. 이것들은 열을 받으면 대폭발로부터 나온 수소와 헬륨 핵들을 탄소 및 질소·산소 등으로 변형시키고, 이렇게 해서 은하들의 화학적 변환을 일으키는 진정한 동인이 된다. 별들이 연속적으로 생성된 후, 은하 변두리의 보잘것없는 별 하나가 모-성운에서 떨어져 나와 행성들에 둘러싸인다. 이러한 별들 중의 하나에 생명체와 의식이 출현한다. 그리고 오늘, 생각하는 물질이 별과 구름, 곧 스스로 움직이지 못하는 물질이었던 자신의 과거에 관심을 가진다.

11

누구도 자신이 법칙의 근원이고 확실히 신탁을 전하는 사제라고 주장할 수는 없지만, 파르메니데스나 갈릴레이·아인슈타인 같은 사람들은 인간 존재를 구하는 데 폭넓게 기여할지도 모른다. 그들은 더 이상 말로써가 아니라 번득임으로 표현했다.

그들은 면도칼의 단순성으로 잘라냈다. 그들은 신탁자의 간결한 화법으로 표현했다. 그때부터 물질은 하나의 관념이다. 물질은 관념적이다. 유물론은 관념론적이다.

거의 무한한 기간(10^{31}년 이상)이 형태가 없는 물질에게, 익명의 입자들에게 부여된다. 사물들이 떨어진다면 그것들은 우주 한가운데로 다시 떨어져 그곳에 안전하게 있게 된다. 그것들의 추락은 아주 하찮은 일에 불과하다.

사물들의 마지막 참된 본질은 쿼크이다. 이론상의 쿼크와 립톤 말이다. 우리가 자연이기 때문이다. 사물들의 영원한 기층은 수학적이다. 물질은 붕괴한다.

진정한 문화는 시간과 죽음의 관계를 살핀다. 우리는 불멸의 원소들로 구성된 소멸하기 마련인 구조들 중에서 첫째 단계에 있다. 이것을 이해하기는 아주 쉽다. 먼지는 우리의 선조들이고 우리의 미래이다. 이 원자들의 먼지는 우리의 보편적 본질이다. 훌륭한 관념을 위한 올바르고 객관적인 투쟁, 이것이 지속되고 과학은 그 근거를 제공한다. 과학은 깊이에 대한 향수에 불을 붙이는 불티이다.

12

우주는 대략 150억 년 전에 강력한 폭발 속에서 분출했다. 이것이 고대 그리스 및 중국·인도의 신화들을 대체한 〈창세기〉의 현대적 버전이다. 어쩌면 천 년 뒤에는 우리의 이론도 20

세기의 신화로 여겨질지 모른다. 하지만 아직 우리의 이론은 여명기에 있고 그 진실성을 전적으로 믿는다. 이 이론은 우주의 변화들을 우리에게 솔직하게 보여준다. 빅뱅은 우리를 향해 소리친다. 모든 빛은 말이 된다. 과학적 우주론은 그 황금 시기에 도달했다. 우리는 지난 2천 년 동안보다, 물리적인 하늘에서 20년 동안 더 많을 것을 배웠다.

찬양할 만하다! 미사와 결혼식, 장례식 때, 사랑할 때, 천지 창조 때 노래 부르지 않았는가? 우주 이야기의 전개, 이것이 천체 음악의 주제이다. 우주론 연구소들에 기쁨이 퍼지게 하기 위해 우리는 우주론의 학문에 인간적 현실이라는 음을 주입할 것이다. 하나의 코스모스가 탄생했고, 그것은 오래 지속될 것이다. 이러한 확신은 우주의 진화를 노래하는 데, 그리고 그 예언자들과 예측 전문가들, 근시인 사람들과 노안인 사람들을 존중하는 데 대해 정당성을 충분히 제공한다.

기본 입자들의 가장 내밀한 성질을 밝히기 위해 복잡한 기구들을 구축한 **물리학자들**. 비가시적인 물질의 입자들을 포착하기 위해 갱과 동굴 속에서 자신들만의 망원경들을 제작하는 물리학자들.

언제나 훨씬 멀리 있고, 언제나 훨씬 전에 있었던, 대폭발과 가까운 하늘들을 깊이 파고들며 시간의 근원으로 거슬러 올라가는 **천문학자들**.

공간과 시간을 이론화하고 법칙들의 대칭과 파편들의 불합리를 암암리에 읽어내는 **수학자들**.

최종적인 해답 혹은 최종적인 물음들을 찾고 있는 과학**철학**자들.

요즘 우리는 우주 개념과 철학에 의해 제외되었던 위대한 모험 이야기들의 회귀를 목격한다. 원자와 공간이 구성한 불변하는 두 매체들 사이에서(데모크리토스의 원자론의 진공) 변화는 착각에 불과했다. 오늘날에도 우리는 불사의 원소들로 만들어진 죽음을 면할 수 없는 구조들이라고 말할 수 있을까? 모든 게 죽기 마련이다. 우주 자체는 더 이상 항구적이고 최종적인 개체가 아니다.

영원성을 타고난 존재, 곧 완벽히 정의된 공간과 원자라는 이중의 준거는 시간과 우주라는 모호한 은유에 자리를 넘겨 주었다. 그리고 우리는 여기서 어떻게 해서라도 물리학을 제거하려고 했다. 특히 우주에 대한 문제 제기라는 회귀는 최소한 이전 세기의 실증주의의 일방적 결정과 반대 방향으로 간다. 그 당시의 과학은 연구 영역에서 자연의 총체성의 개념과 우주의 변화의 개념을 제외시켰었다(강한 추상적 내포를 지니는 열역학의 두번째 법칙에도 불구하고). 따라서 모토는 전체의 개념, 어쨌든 전체의 역사라는 개념을 삼가는 것이었다.

칸트는 비록 우주론자이기는 했어도 우주론에 대한 질문들의 부질없음을 결정적으로 보여주었다고 한다(《순수이성비판》에서 〈이율배반〉 참조). 대강 물리적 우주는 오성의 범주로 표현할 수 없는 것으로, 따라서 과학의 영역에서 제외된 것으로 선언되었다.

그 결과 우주라는 개념은 자신의 영역 밖에는 존재하는 것을 하나도 남기지 않는 어떤 체계를 전제한다. 우주의 '역사'와 그 '시대,' 당연히 놀라운, 관찰 가능한 부분에서의 우주의 변화와 관련된 용어들을 사용하는 일은 우주 팽창의 발견으로 인해 정당화된다. 이것은 둘러싸고 있는 대우주를 묘사하는 데 이용되는 물리학과 기하학의 매개변수들 전체(일정한 부피의 어떤 공간 속의 은하들간의 거리, 하늘 중심의 온도, 물질의 평균적인 양)의 전반적인 진화의 개념을 받아들이게 한다. 전체의 변화는 우주의 대사건처럼 보인다.

우주의 구조는 변화의 가능성을 가진다. 우주는 그 모든 지역에서 진화하고 있는데, 가장 웅대한 것은 기하학적인 진화이다. 즉 은하들 사이의 공간이 팽창한다. 이 현상은 헤라클레스의 강을 우주적인 차원에서 이동시키므로 더욱더 경이롭다.

13

오늘날 우주론은 세계를 경험하는 수많은 방법들 중의 하나일 뿐이다. 우주는 신이나 하나님의 말씀처럼 하나의 상징이다. 그리고 세계는 물리적인 대상들 중에서 가장 큰 것에 불과하다. 우리는 우리가 보고 예측하는 사물들에 의거해서 우주의 관념들에 목소리를 부여해야 할 것이다. 천체물리학은 과학적인 관점과 동시에 우주적인 관점도 표현한다. 옛 섭리의 상실은 인간의 재설정을 요구한다. "혁명, 그것은 하늘을 바꾸는 일

이다."(마타)

자연은 결코 속이지 않지만 그 선언들을 설명하지도 않는다. 그것은 향긋한 빛과 물을 내놓는다. 그것은 섬광과 서광, 파랗고 어두운 하늘로써 말한다. 단 하나의 동일한 물질이 검은 천체들의 불완전한 세계 안에서까지 동일한 현실을 떠받친다. 하늘은 원자들뿐만이 아니라 모든 형태의 에너지들의 고향이다.

"하늘, 먼 하늘은 비밀스러워서 언제나 암호화된 메시지들조차 우리에게 거의 보내지 않는다. 반면에 사람들은 받은 메시지보다 더 많은 이미지를 하늘에 투영했다. 사람들은 하늘에 상징과 신화, 전설들을 지나치게 부여했다. 하늘에서부터 사람들은 세계에 관한 연구를 했다."

장 피에르 베르데

하늘에 관한 사람들의 단체에서, 하늘에서 벼룩처럼 뛰어오르면서 공간을 여행한다고 생각하는 우주 비행사들 외에, 천문학자들과 점성가들을 구분해야 한다. 어원적으로 우리가 천문학자라고 부르는 사람들이 진짜 점성가들이다. 이들은 천체들에서 어떤 논리를 찾기 때문이다. 실제로는 전혀 다르다. 점성가들은 하늘에서 운명의 전형을 만들기 위해 바퀴의 안정된 회전수만을 찾는다. 그들은 점성술가라는 이름을 얻을 만했다.

칼데아의 사제들은 그곳의 맑고 투명한 대기에서 천체들의 이상한 운행을 지속적으로 관찰했다. 그들은 천체들이 나타났다 사라지는 것을, 곧 지평선 뒤로 숨었다가 반대편 지평선 위로 나타나며 일시적인 소멸 뒤에 어둠 속에서부터 언제나 의기 양양하게 또 다른 삶을 시작하는 것을 보았던 것이다.

존재와 물체들, 곧 살아 있는 것으로 생각되는 모든 것들 사이에서 원시 시대의 물활론은 도처에 감추어져 있는 뜻밖의 관계들을 수립한다. 주술적인 사물은 그 관계들을 찾아내고 이용한다.

점성술의 기본 개념은 이 세상에서 일어날 일과 하늘과 신들의 운동 사이에 어떤 관련성이 있다는 것이다.

태양과 달에 강력한 영향력을 부여했던 원시 시대의 생각이 합리적으로 보편화되었다. 이전의 천체들처럼 황도대의 별자리들을 지나는 다섯 개의 행성들에 운명을 결정하는 지배적인 영향력이 부여되었다. 이 별자리들은 아시리아와 바빌로니아의 판테온의 주 형상들과 동일시되었다. 별들과 신들은 별들의 밝기와 색, 공전 주기에 따라서, 그리고 신들에게 부여한 지위에 따라 관계들이 맺어졌다. 별들은 명예와 색조에서 차이가 난다. 금성은 이슈타르에게 귀속되었다. 목성은 마르두크에게 부여되었다. 화성은 그 핏빛으로 인해 전쟁의 신인 네르갈과 동일시되었다. 별자리들에 홀로 또는 무리지어 있는 항성들은 신화 속의 영웅들과 연결시켰다.

바빌로니아의 천문학을 관통하는 경향은 하늘에서 일어나는 모든 주기적인 현상들을 발견하고, 그 현상들을 수식으로 단순화하여 미래에 반복될 것을 예측하는 것을 목표로 한다는 점이다. 별들을 이용한 점술은 정확도에서 온갖 다른 종류의 점술을 능가한다. 오직 사제들의 손 안에서만 이루어졌던 하늘을 관찰하는 과학은 바빌로니아의 종교 전체를 물들이고, 결국에는 변질시킨 천체 교리의 본체가 된다.

그리스의 천문학은 비종교적이고, 바빌로니아의 천문학은 종교적이다. 항성의 공전 주기의 일관성을 세우는 동양의 우주 형상지 학자들, 지칠 줄 모르고 하늘을 지키는 율법학자들은 신들보다 우위에 있는 필연성이라는 관념에 이끌렸다. 이 필연성이 인류는 말할 것도 없이 그것들의 운동을 지휘하기 때문이다. 하늘의 규칙적인 움직임과 연결된 숙명이라는 개념은 바빌로니아에서 시작되지만, 우주와 관련된 이러한 결정론은 논리적 귀결을 맺지는 못한다.

사실 어떤 최고의 섭리가 변경할 수 없는 절대적인 명령으로 세계의 균형을 조절했다. 하지만 하늘의 몇 가지 혼란들, 혜성이나 유성들의 분출 같은 기이한 현상들은 자연의 질서와 제멋대로 충돌하는 신의 이례적인 자유의 행사를 믿게 하기에 충분하다. 사제들은 별들을 보고 미래를 예견했다(예언의 기술). 마찬가지로 그들은 공중의 요구로 악마들을 정결 의식·희생·주술로 멀리 떨어뜨렸다. 이 신성을 띤 별들은 단호한 법칙과 같았기 때문에 행운을 혹은 불행을 가져다줄지 미리(반복에 의해) 예측을 가능케 했다.

14

하늘과 땅 사이의 은밀한 합의는 점성가들이 생각하는 것보다 훨씬 더 긴밀하게 이루어진다. 기하학적인 연관성은 계통적인 연관성으로 대체된다. 별은 원자들의 근원이다. 예정설의 하나님은 이제 없다. 하나님의 고아들인 우리는 황도대를 잃고 우주를 얻는다. 우리는 천체의 숙명성을 별의 다산성으로 대체한다. 우리는 별과 인간들 사이의 혈족 관계를 수립한다. 별들은 원자들의 원천이고, 인간은 원자들의 대성당이다. 인간과 별은 동일한 원자들로 만들어졌다. 별들의 원자들은 관찰자들의 원자들에게 빛의 언어로 말한다. 행성들에서 우리의 기본 원소들이 유래하는 게 아니다. 수은을 수성과, 철을 화성과, 납을 토성과 연결시키는 것은 잘못이다. 원자들은 별들 속에 있다. 이 별들이 원자들의 근원이다. 어떤 별들은 금으로, 또 어떤 별들은 탄소로 만들어졌다.

별은 물질이 구체화되는 장소이다. 실제로 여기에서 물질의 일부분은 빛으로 변하고 금속들은 완전해진다. 별들의 용광로에서 가장 단순한 수소는 복잡한 탄소·질소·산소·철·금·우라늄으로 변한다. 원자들의 핵들간의 무수한 결합이 별 한가운데서 거행된다. 그 기쁨의 외침이 빛이다. 아이들과 시인들은 언제나 가슴속으로 별들을 사랑해 왔지만 왜 그러는지는 잘 모른다.

천체물리학은 별들이 우리의 원자들을 품고 있기 때문이라고 설명하며 그 사랑을 구체화한다. 별과 인간의 연관성, 좀더 일반적으로 말해 하늘의 모든 존재 형태들간의 연관성은 발생론적이고 물질적이며 역사적이다. 하늘은 원자들만큼의 역사도 만들었다.

15

천국, 천사들의 고귀한 하늘과 신의 계시는 사라지면서 대 불가사의를 실어갔고, 그때부터 우리는 우리가 누구인지 알아내기 위해 애쓴다. 바로 이러한 일탈에 의해 모든 과학은 시작된다. 신의 자식들은 믿음의 불모지에 있었고, 우리들은 방정식의 불모지에 있다. 이상하게도 매끄러운 흔적들로 가득 찬 하늘에서, 어둠과 시간은 모습을 드러내지 않으려고 애를 쓴다. 그러나 천문학자의 믿음(전적으로 과학적)은 거리와 추위, 어둠을 견뎌낸다. 천문학자는 상대성 이론의 물리학적 우주론의 방정식들의 화주(火酒)로 몸을 덥힌다. 이제 천문학자는 외과 의사가 피를 두려워하지 않듯이, 무한을 두려워하지 않는다. 사물들의 무한 앞에서 겁을 먹은 우리는 물리학을 발명했다.

은하들의 무리로 된 별들의 바람으로부터 인간은 공간의 깊숙한 중심으로 스며든다. 하늘은 어떤 이들에겐 영혼의 마지막 거처이고, 또 어떤 이들은 거기서 이슬이 모이는 강어귀를 찾는다. 우주론적으로 대수롭지 않은 이들이 영원을 창조한다. 영원하게 만드는 그 힘들은 물리학 속에 있다.

인간이 고통과 공포 속에서 말을 잃은 곳에서 물리학이 종의 피가 끓어오르게 하는 것을 허용하시오. 혀가 마르지 않았다면 이것이 당신을 물질이 솟아오르는 샘까지 이끌 것이다.

별들로 이루어진 걸작품의 개화(중심항성·초신성·은하들 및 우주 자체의 모형들)는 아직 그 끝이 이르지 않았다. 보물은 죽음과 어둠의 시대로 나누어질 필요가 있다. 얼마나 큰 영광이 인간의 본성에 부여되는가. 바로 이 인간성 자체에 의해 인간은 별의 자손임을 깨닫지 않는가! 우리가 누구인지 알기 위해서는 하늘로 이주해 가야 한다. 천체물리학과 우주론은 기원에 관한 논의를 오늘날에 되살리고, 물질의 변환과 기원에 관한 신화들을 깊이 파고들며 생기를 불어넣는다. 천체물리학자들은 물질주의의 용어로 〈창세기〉를 다시 쓴다.

시간의 화살을 바꾸어 놓음으로써 우주의 팽창을 되돌려 놓는 우주론의 정신적 방향 전환은 최초의 불, 둥근 불, 불의 공, 대폭발, 즉 '태초'의 최고의 열기($T=10^{32}K$)로 우리를 데려다 준다. 현대의 프로메테우스들인 우리는 우주와 별들의 불을 훔쳤고, 우리의 실험실에서 그것을 아주 힘들게 재현할 궁리를 하고 있다.

16

우리는 달에 가지만 아이스킬로스와 동시대인이다. 세계의 단일성은 인간이 상징들로써만 표현되기 때문에 시적인 것은 아닐까? 물리적인 세계는 그 기능에 있어서 정신적인 세계의 기능에 대응하는 하나의 상징일 뿐이지 않을까? 우주는 한낱 소설에 불과하지 않을까? 추론적인 사고 또는 시적인 생략에서 어느것이 더 멀리 가고 어느것이 더 멀리서 올까? 세계의 단일성은 오직 인간이 상징어법으로만 자신을 표현한다는 사실 때문에 시적이지 않을까(클로드 레비스트로스의 《스라소니의 역사》 서문 참조)? 우주는 사물들의 어떤 질서가 되는데, 요컨대 나는 그 질서가 아님을 우리는 어렵게 증명할 수 있다. 그것은 단지 하나의 표현이기 때문에 무엇보다도 주체 속에 머물러 있다는 얘기다. 어쨌든 그것은 천문학자들이 말하는 상징적인 우주가 아니라 개념적인 우주이다. 어떤 우주적 존재로서 무언가가 존재한다면, 그것을 단어들로 구속하고 방정식들의 부동 집합으로 모으는 것은 우리의 소관이다.

우선 첫째로, 우주론은 어디에나 영원히 존재하려는 욕망에서 유래할 것이다. 물리학자들은 세계의 뿌리를 파내고 보태고 수학적으로 처리하며 의미를 부여한다. 그들은 유한성과 죽어야 할 운명에 직면하여 불멸성을 낳고 본원적인 것을 파악한다. 그런데 자신의 영역들로 제한된 과학은 모순되었고 사람들의 사랑을 잃었다고 비난받는다. 이처럼 지성이 허공을 파고든 적은 없었던 듯하다!

그럼에도 불구하고 더 걱정스러운 것이 있다. 공식들을 가지고 세심하게 일하는 우리는 상징들을 조정하고 정도와 법칙들을 지키는 엄격한 언어를 만들어 냈지만, 아무도 이러한 견해에 관심을 가지지 않는다. 거의 아무도. 예를 들면 상대성 이론은 첫눈에 정열적인 역학이 아니기 때문이다. 내 생각에 모든 문화가 이 '거의' 속에 포함되는 것 같다.

어쩌면 우리가 유용한 진실들을 호감가는 형태들로 꾸미는 것을 잊은 것이었을까? 당신들의 밤의 문턱에 황금가루를 뿌리는 일을 생략했던가? 논리적인 사고는 물리적 진공과 빛·

물질·생명을 하나의 화환 안에 묶기만 했다. 우주론자는 우주의 막과 장들에 질서를 부여하지만, 그것으로는 부족한 것 같다. 지성을 제대로 보지 못하는 지역은 삶으로부터 물리학을 떼어놓는다. 물리학은 아무에게도, 거의 아무에게도 말하지 않는다. 점성술은 모두에게, 거의 모두에게 말한다. 여기에 우리의 실패가 있다.

사실 거짓이나 아첨, 수익성이 진실(모든 기독교도들을 피해 언제나 상대적인 의미로)이나 엄격하고 무상의 것보다 더 잘 이해되는 데에는 아무런 이유가 없다. 내가 '현실'이라는 단어를 쓰지 않은 점을 눈여겨 보시오. 이 '현실'이라는 단어는 누구나 제 상황에 맞게 선택해서 쓰는 단어이기 때문이다.

우리는 과학의 부지런한 바퀴에 매여 그것과 함께 호응하며 돌아간다. 우리는 이론들을 내세우고 무너뜨리면서, 수많은 기획들을 실행해 보느라 무척 애를 쓰면서 시간을 보낸다. 결국에는 불분명한 연기밖에 얻지 못할지라도. 그러나 이 연기는 빛이고 방정식이다. 방정식의 시적인 한 심급이다. 공식들의 통 제조공들은 하늘의 좋은 포도주를 가죽부대에 담아 밀봉했다. 우리는 그것의 마개를 뽑을 것이다. 우리는 그 인식의 술통에 구멍을 낼 것이다.

우리는 공동체의 이름으로 증언한다. 실제로 천문학은 수많은 천문학자들의 삶으로 이루어졌기 때문이다. 그들은 인간의 사고 속에서 땅과 하늘을 결합시켰다. 우리는 모든 인간에 대하여 인간들에게 증언한다. 보이지 않는 것 속에서 보는 것이다! 우리는 태양 복사의 수수께끼를 알아냈다. 우리는 태양의 깊은 속을 헤아린다. 별빛의 비밀을 안다.

17

　종말이 와서 모든 것이 끝난다. 그리고 거대한 지성의 공장에서 이것들은 재구성된다. 우세하는 우주의 이미지는 보이는 세계의 모습과 도시들의 대립이 아니라, 기독교 신앙의 우주 이미지, 다시 말해 기독교가 가르치는 보이지 않는 것들의 이미지라는 생각을 멈출 수가 없다.

　하늘에 대한 우리의 충성은 우리를 천사로 만들지는 않지만 날개 달린 부류들과 그들의 의무들을 함께하게 하는데, 그 첫째 의무는 당연히 나는 것이다. 영시에서부터 날아가는 것 말이다(거의 10^{-43}초로 우리에게, 그리고 우리에서부터 영시까지).

　대폭발과 초신성 및 다른 것에서 방정식들의 벼락을 치게 한다고 해서, 우리가 오직 격렬함만을 좋아한다고 추정할 수는 없을 것이다. 이 폭발이라는 형식에 대해 우리는 자식의 사랑을 갖는다. 우리는 그것들의 결과물에 지나지 않고 그 눈부신 혈족 관계를 제대로 납득하기 위해 계산하고 또 계산하기 때문이다.

　물리학자의 이러한 열정을 공유하기 위해서 넘어서야 할 장벽들 중의 하나는 수학을 거부하는 인간 정신의 자연스런 성향인데, 이러한 성향은 수학이 ‘유능한 지성들’의 선별 기준으로 이용됨으로써 더욱 강화되었다. 수학을 예술의 하나로 복권시키는 일은 수학자들의 일이지만, 우리 물리학자들이 그것을 도울 수는 있다. 가능한 세계들 중에서 가장 좋은 것은 기하학의 세계가 아닐까? 계산의 눈은 가시적이고 비가시적인 모든 것을 알아볼 수 있다. 합리주의로 개종한다는 것은 가장 간단한 수학적인 형태를 찾는 것——그리고 이것을 통해 미에 도달하는 것이라고 아인슈타인이 말하지 않았는가?

18

일자로 탄생한 우주는 다자로 소멸한다. 우리는 돌아오리라는 최소한의 확신도 없이 우주로 항해한다. 영원은 법칙들 속에 있다.

오늘날 시선은 가시적인 것의 한계를 넘고, 우주는 순수한 빛의 지평선까지 나타난다. 시간의 여명기에 전자들이 모여 있는 곳에서 빠져나와 공간의 팽창으로 인해 식은 이 빛은, 우주 배경복사탐사선 코비 위성으로 포착 가능하다. 과학적 투시성은 인간의 실명을 바로잡는다. 우리는 하늘의 고귀한 실재들 가운데서 더 이상 보지 못하는 채로 살지 않는다.

숲을 가로질러 시간의 근원으로 곧장 가자. 말 속에 기하학과 시간이 있는데, 이것은 비시간적이 것에 관한 언급을 배제한다. 실제로 영시는 환상에 불과하다! 우리는 이것, 즉 빅뱅(얼마나 이상한 이름인가!) 이상 더 나아가지 못할 것이다. 이것은 말로 표현할 수 없는 것과 운명적인 폭발로 이해할 수 있는 연대기적 기하학 사이의 한 과도기이다. 우리가 알지 못할 초시적(超時的)인 시는 이쪽에 있다. 따라서 세계와 망각의 접합부에 세계의 탄생과 그 탄생의 획을 긋는 외침, 대폭발이 있다. 창조적인 열기 속에서 모든 것들이 함께 있다. 결국 사물들은 존재하지 않는다. 그때 재봉선 없는 세계의 드레스가 찢어진다. 모든 세기 이전에, 결정적으로 단 한번에 세계는 그 법칙들의 양날 검을 허리에 차고 존재하지 않는 곳에서 분출한다.

어쨌든 대폭발은 의심할 정도로 너무 아름답다. 현재의 상태는 본원적인 것에서 흘러나온다고들 한다. 그 결과 우리의 존재는 우리가 상상할 수 있는 우주의 유형들에 대해 선택된 어떤 효과를 부과한다. 오랫동안 의혹의 눈길을 받아 온 과학적 가설은 언제나 철회될 수 있다. 나의 의심은 더 이상 커질 수 없을 정도로 크다. 당신도 솔직하게 말해 보시오!

내가 허리가 굽고 머리가 새고 성격도 아주 온화한 노신사가 될 즈음에 우주론은 신학만큼 불확실할 것이 되고, 또 우리가 관심을 가진다면 우주론자들은 과학의 점성가들이 될 터이다.

19

천문학은 결국 점진적인 배제로 끝난 코페르니쿠스적 혁명을 네 차례 이상 겪었다. 지구·태양·은하는 차례대로 코스모스의 중심에서 밀려났다. 마침내 우리 물질은 소수임이 선언되었다. 양자와 중성자들(바리온족)을 구성하고 지구와 별들의 물질적 기초인 쿼크들은, 대개는 바리온족이 아닌 우주 물질의 거품에 불과할 것이다.

이렇게 중심에서 어긋나는 다양한 현상들과 동시에, 세계의 관념적인 중심처럼 보이는 좌표계가 한쪽으로 치우치는 단계적이고 점진적인 변화가 일어난다. 인간이 꾸며낸 천체 좌표계의 고정된 좌표들은 이렇게 변했다. 곧 지구와 태양, 세계 중심의 별들, 우주 전자파(관측 가능한 세계의 가장자리에서 방출되는)는 차례차례 항구적인 좌표의 역할을 했다.

개념상의 또 하나의 새로운 대변화가 지평선 위로 모습을 드러낸다. 앞선 네 번의 변화들과는 달리, 이번에는 순전히 사변적인 변화이며 관측이 가능한 결과를 전혀 남기지 않을 것이다. 그렇지만 이 변화는 자신이 초래하는 형이상학적인 충격의 규모로 인해 주의를 환기시킬 것이다. 이 즉흥적인 대변화는 적법성의 원칙 자체와 관련된다. 뜻밖의 결정적인 타격을 받은 우주는 여러 개의 왕국들로 또는 다른 법칙들이 지배하는 원인의 거품들로, 또는 한층 더 당황스럽지만 반드시 4차원일 필요가 없는 시공의 차원으로 부서진다. 이렇게 해체된 시각에 따르면 주변 대우주의 4차원의 세계는 하나의 우연일 뿐일 수 있다. 입자들의 활발한 움직임 및 그 수, 영향력, 세기를 결정하는 힘들과 같은 우연. 더구나 그 입자들 자체도 우연일 뿐이다! 정당한 구들의 다양성은 보편적인 법칙에 대한 개념을 사라지게 할 것이다. 우주는 그 안에서 거품들이 형성되는 (거짓) 진공이고 보편적인 '법칙'은 국지적으로 위반 혹은 변질될 수 있음을 주장할 가능성이 있을지도 모르지만 말이다. 결과적으로 우리 자신도 우리의 거품 속에서 '법칙의 범위 밖'에 있을 수 있다. 유체성을 띠는 우주의 순수성 속의 불완전성, 그것은 우리의 하늘이라는 부분일 것이다.

이러한 생각은 전통적 이성으로는 참을 수 없겠지만, 그래도 어떤 관념적 우주론에 전파되어 있다. 물론 이것을 괜히 첨가할 필요는 없다. 검증할 수 없다면 경험주의에서 배제되기 때문이다. 자체적으로 한계가 드러나는 명령은 어떤 것이든 받아들여지지 않듯이, 거품 속에 고립된 인간은 보편적 법칙들의 존엄의 성질을 띠지 않는다는 생각을 인간이 했다는 사실(이번이 처음일까?)에 주목하면서 이러한 견해를 신중히 고려하고 있다고 나는 자부한다. 이것은 최초의 질서에 대한 하나의 형이상학적인 발견일 것이다.

종이와 방정식들의 세계가 퍼트린 '천지창조'의 비본질적이고 우발적인 양상은 기독교 신학의 기분을 상하게 하기 위한 게 아닐 것이라는 사실에 잠시 주목하자. "우주의 속성들(법칙들)은 현 상태와 아주 다를 수 있다는 사실이 현재, 물리학에서 인정된다. 기이하고 **선험적으로** 사실같지 않아도, 몇몇 우주론자들은 무한한 우주가 각각의 고유한 특성들을 지니며 다수 존재할 거라는 (관념적인) 견해를 주저하지 않고 제시한다."(L. 뒤케스네, 《빅뱅에서 인간까지》) 우주는 그 기원뿐만이 아니라 법칙들에 있어서도 우발적이다. 왜냐하면 그 실체의 기원과 법칙들의 기원이 그 자체 내에서도(어떤 체계도 그 자체에 의해 정당화될 수 없다), 요컨대 물리적으로 위치를 정할 수 있는 사물들의 상태 안에서도 발견될 수 없기 때문이다. 이로부터 다음과 같이 결론을 내릴 수 있다. 곧 우발적인 것은 절대적으로 설명이 불가능하거나, 우발적이지 않은 실재로 설명된다. 달리 말해 우주의 기원에 대한 결정적이며 구체적인(합리적인) 설명은 존재하지 않는데, 이 사실을 우리는 오래전부터 알고 있었다. 그렇지만 이성이 패주하는 시점에서, 이 사실을 다시 언급하는 것도 좋을 듯하다.

반면에 '천지창조'의 기하학적으로 제한된 양상과, 혼돈의 초팽창 이론이 가정하며 지속적인 창조에 관한 생각을 퍼트리는 빅뱅의 일반화는 기독교 교리와 정확하게 수직을 이룬다. 그리스 형이상학에서 창조되지 않은 귀중한 존재, 즉 세계의 영원한 기층은 **진공**일 수 있는데, 거기에서 우연히, 특히 생각하는 거품이 나온다. 이러한 시각은 또 하나의 새로운 신학을 야기하지 않을까? 현대의 예언자들은 물리학자들 속에 있을 것이다.

적어도 그들은 대담하다. 창조의 양자역학적인 설명에 따르면, 시공의 흔들리는 거품 속에서 어떤 거품은 양자의 원칙에 의하여 존재의 불가능성을 초월한다. 곧 아무것도 결정적으로 금지될 수 없다. 알파 입자들이 무거운 원자들의 핵들을 걸러내는 것을 보는 데 익숙한 물리학자는 **터널 효과***를 말하지만, 문외한에게 이것은 어떤 현상도 밝혀 주지 못한다. 그는 이것을 통해 단순한 입자들이 아닌 우주라 하더라도, 물리적 존재들의 근본적인 파동의 양상은 고대의 물리학이 금지했던 곳으로 침투하는 것을 가능케 한다는 사실을 분명히 하려고 한다. 상상할 수 없는 것이라 해도 우리는 **무**라는 것을 기꺼이 받아들인다.

하지만 파동의 우주가 무에서 스며나오고 배어나온다는 것은, 그것에 대해 논하기를 당장 그만두어도 될 만큼 너무 모호하다.

20

유일하고 대칭적이며 유동성의 우주 안에서의 결함들, 시공의 거품들은 뵈브-클리코 포도주의 거품처럼 일어난다. 샴페인 같은 이 우주 안에서 우리는 하나의 거품만 점유하고 있으며, 따라서 우리의 법칙과 진실들은 완전의 의미로 볼 때 보편적이지 않고 지역적이며 지엽적이다. 또 다른 공동들에는 어떤 존재와 법칙들이 있을까? 그것들 중의 몇 개에서 생각이 구체화되었을까? 지능이 출현하기 위해 필요했던 최소한의 시간이 거기에서는 단 백만 분의 몇초일 뿐일까? 게다가 우주의 한 거품은 그 내부의 자신을 생각하는 거품 없이 생각할 수 있을까? 이 우주-거품들의 외재성은 그것들을 무의미하게 만들지 않을까?

겉으로 볼 때 과학의 역사는 오직 인간중심주의에 맞선 긴 투쟁이었을 것이다. 그럼에도 불구하고 우리는 물질이 표현하는 축복받은 시대에 산다.

하나의 세계를 만들기 위해서는 무엇이 필요할까? 우선 영원을 사라지게 하기 위해 일시적이고 폭발적인 전기량이 필요하다. 그리고 본원적인 기층('진공')이 이성적이고 수학적인 필수 요소, 곧 거의 완벽한 대칭을 일으켜야 한다. 현대 우주론의 양식, '진공'은 하찮은 게 아니다. 이것은 어떤 압력을 행사하고 에너지를 소유하고 있으며 두 개를 연결하는 상태의 방정식에 부합한다. 이것은 공간적으로 완벽하다. 다시 말해 이것은 균일하지만 시간적으로는 그렇지 않다. 즉 자신의 영원성을 파괴하는 고유의 싹을 내부에 지니고 있다. 그리고 에너지가 충전되어 있어 변화의 가능성이 있다. 이것은 공간의 팽창과 관계된 총체적인 온도 하강에 따라 높은 에너지 상태에서 그보다 낮은 에너지 상태로 떨어진다.

순전히 임의적인 대칭의 균열은 우발적인 원소들을 가져온다. 순전히 우연에 의한 이 현상들은 단순한 것을 복잡한 것으로 바꿈으로써 세계의 복잡한 아름다움의 원인이 된다. 이렇게 해서 유일하고 대칭적이며 민주적인 힘은 구별되고 특수화된 네 가지 힘으로 분화된다. 이 힘들이 서로서로 상관적으로 자신들의 성향에 따라 입자들을 구별한다.

아리스토텔레스가 되살아난다면 바쁜 인간을 위해 다음과 같은 우주론을 말할 것이다.

1. 하늘은 더 이상 존재하지 않는다. 물리학의 법칙들은 전우주적[14]이다. 확고부동의 하늘은 팽창하고 역동적이며 변화하는 코스모스, 우주 공간이라는 새로운 견해가 대체했다.

2. 우주는 그 전 지역에서 진화하는데, 기하학적인 진화가 그 중 가장 웅대하다. 공간은 은하단들 사이에서 팽창한다.

---

14) 여기에서 우주는 주변의 대우주에, 질서와 아름다움이라는 우리의 천구에 조심스럽게 동화된다.

3. 대략 150억 년으로 전으로 추정되는 진화의 초기에는 밀도와 온도가 극에 달해 있었다. 우주는 팽창함에 따라 희석되고 온도가 식고 구조를 이루어 나간다.

4. 별들은 진화한다. 별들의 수명은 질량에 따라 감소한다. 태양의 수명은 백억 년이다.

5. 진화한 별의 최종 산물은 어두운 천체, 흑색 왜성, 중성자별, 그리고 블랙홀일 것이다.

6. 원자들은 별에서부터 나온다. 별들은 단순한 것(대폭발에서 나온 수소와 헬륨)이 복잡한 것으로 변하는 곳이다.

7. 별들의 바람과 폭발(초신성)로 인해, 별 한가운데서 합성된 여러 가지 핵의 종들이 공간 속에서 불어난다.

8. 원자들은 새로운 별들이 형성되는 성간운들 속에서 분자로 이어진다.

9. 은하들은 변화하기 좋은 복잡한 원소들(탄소·질소·산소 등)로 점차적으로 풍부해진다.

10. 우리 은하 주변의 무거운 원소들의 비율(2퍼센트)은 생명체와 의식을 출현시키기에 충분했다.

11. 우주의 역학은 아직 그 성질이 알려지지 않은 검은 물질과, 상대성 이론에서의 일종의 에테르의 규제를 받는다. 이 에테르는 하는 수 없는 '진공'이라 불리지만 에너지가 넘친다. 이 것의 에너지 밀도에 관한 최근 추정치를 믿는다면, 관찰 가능한 우주는 최종적으로 팽창하고 있을 것이다.

12. 따라서 우주의 수축이 우주의 분할과 온도 하강을 종결시키지 못한다. 그리고 양자가 불안정하다면 모든 것은 빛과 중성 미립자로 되돌아갈 것이다.

따라서 〈창세기〉에는 물리적인 어떤 사슬이 있다.

시간은 당연하게 존재하는 게 아니라 공간과 물질과 함께 공존한다. 시간은 세계의 필수 조건이고 그 역도 마찬가지다. 이 경우 시간은 공간의 팽창에 의하여 우주와 일체가 된다. 이 때부터 팽창하는 우주는 약 150억 년 전에 작동하기 시작한 시계와 같아진다. 이 지속 시간은 가장 오래된 원자들과 가장 오래된 별들의 나이와 비교될 수 있다. 우리는 이것들의 나이를 우주의 나이와 동일시한다.

우리의 우주론에서 공간은 사라진다. 코페르니쿠스적 원리가 우주 전체로 확산되어 모든 장소들은 우열이 없어지기 때문이다. 반면에 시간은 되찾아진다. 우리는 물질이 표현을 하는 독특한 시간 속에서 산다. 우주는 더 이상 사물의 모형에 따라 구상되지 않았다. 우리가 찾아야 할 것은 차라리 어떤 질서일 것이고, 그 질서는 시간에 관계된다.

21

　천문학은 적어도 네 번의 코페르니쿠스적 전환을 겪었고, 그 다섯번째가 지평선 위로 모습을 드러낸다.[15]

　앞의 세 가지의 급진적인 변화는 세계의 중심이라고 일컬어지는 것과 관련된다. 지구·태양, 그리고 은하계는 우주의 중심에서 차례대로 밀려났다. 네번째는 현실 세계의 본질 자체와 관련이 있다. 곧 20세기 물리학의 신이며 폭발로 축하를 받은 지극히 신성한 원자가 땅 위에서나 하늘에서나 세력을 떨쳤다. 어디서나 동일한 동기들이 급속히 증가한다. 수소(양자 하나), 헬륨(2개), 그리고 우라늄까지(92개).

　빛을 주고(방출하고) 빼앗는(흡수하는) 것은, 감광성이고 분명히 예민한 그것 고유의 문제이다. 각각의 원자는 바이올린처럼 쉽게 알아볼 수 있는 색들의 음을 낸다. 천체물리학자는 음악가가 오선지를 읽듯이 분광기를 읽는다.

　우주(중성을 띠는 중성 미립자들로 둘러싸인) 안에서 모든 것은 원자였다는 신념은, 성단으로 무리 지은 은하들의 운동을 분석함으로써 가장 빠른 구성 성분들의 분산을 막기 위해 성단 내부에서 확대된 중력의 필요성이 드러났을 때까지 대단히 확고했었다. 은하들 자체의 중력과 그것들을 둘러싸는 가스는 각각의 공동체를 제대로 유지시키기에는 불충분했다. 따라서 무엇이

---

15) 이에 대해서는 앞에서 이미 언급했다.

이 빛을 내는 물질에 협력할 수 있었을까? 사회적인 응집력은 전자기 상호 작용과 무관한 물질의 어떤 형태, 따라서 핵이 아닌 물질에 의해서, 더욱이 우주 전체에서는 아니더라도 그 성단 내에서 보장되어야 했다.

전기를 띠고 양자 중심적이며 빛을 발하는 우주는 **빛에**(보다 일반적으로 전자기 상호 작용에) **아무런 관심을 보이지 않는**, 따라서 전기량이 전혀 없는 검은 혹은 투명한 물질의 홍수 속에 잠긴다. 복사를 흡수하지도, 방출하지도 않는 이 물질은 자신의 주요한 속성을 간직한다. 질량, 곧 물질을 끌어당기는 능력 말이다. 무게를 다는 것, 이것이 우리가 그 물질에게 요구할 수 있는 전부이다. 최소한 중성 미립자만큼, 혹은 그보다 더 약하게 반응하는, 이것에 허용할 수 있는 전부이다.

마침내 미세한 새로운 것, 즉 유사 진공이 검은 물질을 추측하게 한다. 세계는 한층 더 비물질화된다.

물질과 어두운(투명한) 에너지는 자연의 숨어 있는 모습이고, 빛을 발하며 원자적인 물질은 드러나는 모습이다.

22

사람들은 어린 시절의 기쁨을 잃어버렸다. 정신의 조화는 세계의 새 역사의 시작이 될 것이다. 하늘의 것들이 내려오는 계단에 의한 것처럼.

마음을 근원으로 데려가는 자전거를 오늘날 우주론이라 부른다. 천체에 예속된 우주론의 새로운 광채는 언어 위에 있다. 이 우주론은 하늘에 관한 언어 표현들 중의 하나일 뿐이다. 극히 장엄한 이것은 인간에게서 나오지만 하늘에 의해 요구된다. 곧 지속적으로 의문을 갖고, 원하고, 속삭이고, 모색하는 방법을 배우는 커다란 지적 치유의 장에 의해서 말이다.

아주 가까운 것이 사라지는 것을 아주 멀리서 바라보는 영원이 오늘날의 우주에 필적한다. 이 우주는 보이지 않는 빛과 빛나는 물질, 보이는 빛과 어두운 물질로 만들어진 거대한 물체, 즉 밤의 검은 동백 아래서 빛나며 반짝인다.

천상의 메신저가 수줍어하는 하늘을 가려 주었던 장막들을 찢었다. 이것은 혼돈의 불타는 모태 속의 흔적을 아직 간직하고 있는 우주의 중심을 열었다. 이것은 핏빛의 대폭발, 빅뱅을 벗겨내고 진공이라는 영원한 물체의 젊음에 도취된다.

이것의 곧은 눈은 세계의 중심점까지, 모든 생성의 기원과 중심까지 우주의 심층을 밝힌다. 이것은 불꽃의 대가를 치렀다. 이것의 원자들은 불의 제전을 이끈다. 고열로 탄 시선의 인간은 세계에 관한 생명의 노래를 부른다. 저항할 수 없는 시간의 폭포는 거꾸로 떨어진다. 시간의 노들은 부서졌고 심연을 향해 오드를 끝없이 부른다. 기본적인 힘이 피어나는 이미지들로 빛이 나는 진공 속으로 되돌아간다. 세계는 우주의 진공 속에서 정화된다. 매우 강력하고 매우 아름다운 시간의 파도는 거품을 내지 않으며, 그것의 도약을 부수지 않는 오래되고 말없는 바위 위의 차가운 썰물일 뿐일 것이다. 영시. 모든 무한들은 바로 여기서 똬리를 튼다. 생각으로 넘을 수 없는 어둠. 물질은 창조의 축복을 받은 시간만을 꿈꾼다. 물질이 존재하지 않았던 영시 말이다. 진공의 법칙을 위반한 완벽한 대칭은 대칭의 낙원에서 추방당했다.

전쟁, 인간의 불행, 우주의 고통은 이 대칭에 대한 불순종에서 오는 것일 수 있다. 진공은 극히 짧은 시간일 뿐이지만, 완벽에서 벗어나려는 광기의 순간의 대가를 치르게 한다. 그것은 자기 스스로 대칭을 깬 것에 대해 대가를 치르게 한다. 땅 위에서 잘 되지 않는 것은 하늘에서도 잘 되지 않는 것 같다. 그러나 동일한 대칭의 균열로부터 행성들과 별들의 시선, 이삭과 열매, 세계의 아름다움의 원천이 퍼져나간다. 이렇게 정신의 고독이 시작된다. 진공의 신화로, 그리고 그 역으로의 변환은 이제 멈추지 않을 것이다. 바로 여기에 항구적인 것이 존재한다.

23

일자로 탄생한 우리의 우주는 우리 각자에게 하나씩 돌아가도록 많아진다. 기억으로 가득 찬 별들. 우리 각자는 펜을 하나씩 들고서 그것들의 언어, 기원에 대한 언어가 우리에게 다가옴을 느낀다. 별들은 물질의 진화에 대해 알려 주는데, 그것의 거대한 규모는 풀과 아이들을 놀라게 할 뿐이다. 일자에 대한 사랑은 영원히 지속된다. 우주가 하나였던 영시에 대한 가공의 사랑은 여러 가지 사랑들 중에서 가장 충실하다. 여기 순수 논리로 환원이 불가능한 이상향이 있다.

영시에,

우주는 일자였다.

그런데 수많은 물체들이

일자에 가까워질 때,

언어는 영에 가까워진다.

대화하기 위해선 둘이 있어야 한다.

기원에 관한 침묵이

이성을 부른다.

그렇지만 물음은 사라지지 않았다. 메아리되어 울리는 우리의 물음들은 그것들의 격렬함 자체이며, 만일 우주의 대답들이 우리의 집요한 열정에 적합하다면 그 답을 찾아야 할 곳은 빅뱅이다. 물리학적인 관점에서 빅뱅은 어디도 아닌 곳에서 분출한다. 그것은 정확하게 말로 표현할 수 없는 기하학 이전의(초시적인) 단계에서 이해할 수 있는 기하학적인(시간적인) 단계로의 변환으로서 여겨질 수 있다.

세계의 보호 아래서 세계와 망각의 접합 부분에 있는 별을 각자가 적어도 하나는 찾아야 할 때인 듯하다.

용어 설명

감마선(Rayons gamma): 에너지가 MeV(메가전자볼트)로 측정되는 고주파수의 방사선.

거리(Métrique): 시공에서 두 지점 사이를 나누는 식.

검은 물질(Matière noire): 우주에 존재하지만 직접 관찰될 수 없는 물질. 은하들 중심 주변의 가스와 별들의 회전 속도는 그것들의 내용물이 직접 관측될 수 있는 것보다 위쪽에 있음을 밝혀 준다. 보다 크게는, 은하들이 그 무리 안에서 벗어나지 않는다는 점을 설명하기 위해 이 물질이 원용된다. 검은 물질의 성질은 아직 밝혀지지 않았다.

공간 곡률(Courbure de l'espace): 유클리드 공간의 굽은 정도. 굽은 공간에서 두 개의 선들은 평행일 수 없다. 상대성 이론에 따르면 시공은 휘지만, 그 곡선은 점진적이어서 관측을 통해 그 방향과 값을 밝히기 어렵다. 우주론의 모형들에서 우리는 공간 곡률을 양·영·음 세 가지로 구분한다.

광도(Luminosité): 어떤 방사원에서 초당 방사되는 총 에너지.

광자(Photon): 빛의 입자. 전자기 상호 작용의 보존 벡터. 광자는 부동의 덩어리이며 전하를 띠지 않는다. 광자는 그것만의 반입자를 가진다. 반물질은 물질과 동일하게 광자들을 방사한다.

구상 성단(Ama globulaire): 아주 오래된 별들이 촘촘히 모여 있는 집단(태양질량의 10^4–10^6)으로 보통 은하계의 구상 부분에 위치한다.

드 시터(의 우주 모형)(De Sitter(modèle de)): 물질 밀도와 곡률, 우주 상수가 영인 우주 모형으로, 일반 상대성 이론의 장의 방정식들을 필요로 한다. 우주의 규모가 무한히 커진다.

등가 원칙(Principe d'équivalence): 관성과 중력을 구별하기란 불가능하고, 중력의 질량은 관성 질량과 정확히 같다는 원칙.

등방성(Isotropie): 모든 방향에서의 등가.

립톤(Leptons): '가벼운' 이라는 뜻의 그리스어 'leptos'에서 옴. 전자나 중성미립자, 그것의 반입자들 같이 강한 상호 작용을 하지 않는 입자들.

마젤란운(Nuages de Magellan): 우리 은하의 바로 옆에 있는 불규칙한 은하들. 17만 광년 떨어진 거리에 위치한 대마젤란운은 폭발하는 별의 중심이었는데, 그것을 알려 주는 빛이 1987년 2월에 우리에게 도달했다.

맥스웰 (방정식)(Maxwell (équation de)): 전자기학의 형식. 이 방정식의 체계로, 헤르츠가 확인한 전자기파의 존재를 예측할 수 있다.

바리온족(Baryons): 강한 상호 작용의 경향을 띠는 반정수 스핀의 무거운 입자.

반물질(Antimatière): 일반적으로 각각의 입자에 대응하며 질량은 동일하지만 내부 속성이 반대되는 반입자. 우주에 하나의 입자가 추가되거나 하나의 반입자가 제거될 수 없다. 광자는 자기 자신의 반입자가 된다는 점에서 특이하다.

변동(Fluctuation): 평균값의 변화.

복사 스펙트럼(Spectre d'émission): 주로 휘선들로 구성된 스펙트럼.

불변의(Invariant): 수치로 나타낸 값이 모든 좌표 체계에서 동일한 어떤 양과 관련된 형용사.

불투과성(Opacité): 가스의 복사를 흡수하는 능력.

불확정성 원리(Principe d'indétermination): 위치와 운동량, 지속 기간 과 에너지같이 관찰 가능한 몇몇의 쌍은 하이젠베르크의 관계들이 명시 하는 것보다 더 정확하게 알 수는 없다고 규정하는 양자역학의 원리.

블랙홀(Tron noir): 내부에서 붕괴하고 결정적으로 사라지는 물체. 지 평선을 결정하는 구체에서 중력 장은 매우 강력해서 빛조차도 그것에 서 벗어날 수 없다. 회전하지 않는 어떤 블랙홀에서 지평선의 광선은 $2GM/c^2$와 같다(G: 중력 상수, M: 질량, c: 빛의 속도).

빅뱅(Big-Bang): 유일성으로 시작되는 태고의 우주에 대한 기술. 최 초의 폭발의 결과로 생긴 물질과 복사로 구성된 균일하고 등방성의 우 주는 팽창하고 있다는 프리드만의 모형이 빅뱅의 원형이다.

빛의 산란(Diffusion de la lumière): 빛은 흡수된 다음에 바로 거의 동일한 파장으로 다시 사방으로 방출된다.

상대론적 속도의 (운동과 관련해서)(Relativiste(s'agissant d'un mouve-ment)): 빛의 속도에 가까운.

상보성(Complémentarité): 양자역학의 특징으로, 이것에 의해 어떤 체 계에 대한 선택적인 묘사들은 서로 배타적일 수 있다(파동과 입자처럼).

상호 작용(Interaction): 힘과 동의어. 강도의 세기에 따라 약 10^{-13}cm

의 거리에서 효력을 발휘하는 강한 상호 작용, 전기를 띠는 입자들과
교류하는 전자기 상호 작용, 방사능의 원인이 되는 약한 상호 작용, 중
력 상호 작용의 네 가지가 있다. 통일장 이론의 목적은 서로 아주 다
른 이 네 개의 힘들을 보편적인 물리수학적 설명의 영역 안으로 모으
는 것이다.

성간 가스(Gaz interstell-aire): 농도가 매우 묽은 먼지 가스로, 주로
차가운 구름에 쌓인다. 이것으로 인해 별들에서 오는 빛이 약해진다.
이것은 뜨거운 별들의 복사에 의해 자극을 받을 때만 반짝이기 시작
한다.

스칼라 장(Champ scalaire): 수의 장.

스펙트럼 차이(Décalage spectral): 공간의 늘어남과 연결된 빛의 파
장의 늘어남.

스핀(Spin): 회전, 곧 내부 각 운동량의 양자역학적 특성으로, 입자
들에게 부여되고 이것이 입자들의 집단적 운동을 규제한다. 이 스핀
이 페르미온(서로 접촉하기를 좋아하는) 부류에 속하는지, 또는 보손(구
별되기를 좋아하는) 부류에 속하는지 결정한다.

시공(Escape-temps): 3차원 공간과 1차원 시간(x, y, z, t)으로 구성된
4차원 공간.

압력도(Pression): 표면 단위의 힘. 입자들이 내벽에 충돌하여 생긴다.

양자(Proton): 핵의 구성 요소 중 하나로 양의 전하를 띤다. 자유로운
양자는 안정적이다(전적으로 실제적인 목적에서). 이것은 원자핵 내에
서 약한 상호 작용의 결과 중성자로 변한다.

양자역학의 진공(Vide quantique): 어떤 장 혹은 장 체계의 최소 에너지 상태. 장만큼의 진공이 존재한다. 양자역학의 진공은 우주 상수와 대조를 이룬다. 둘 다 우주 팽창의 가속을 설명해 주기 때문이다.

양자의(Quantique): 파동의.

양자전기역학(Electrodynamique quantique): 전기를 띠는 입자들의 상호 작용에 관한 양자론과 상대성(특수 상대성) 이론. 전자기 상호 작용을 전달하는 입자는 광자이다.

양전자(Postion): 전자의 반입자. 이것은 전자와 동일한 질량과 동일한 스핀을 갖지만, 상반되는 전하와 자기 모멘트를 갖는다.

에너지(Énergie): 입자들 사이의 상호 작용 중에 전반적으로 보존된 양. 에너지는 다양하고 호환이 가능한 형태를 지닌다.

에너지 준위(Niveaux d'énergie): 원자 속의 전자 혹은 핵 속의 핵자의 가능한 상태. 어떤 에너지 준위와 또 다른 에너지 준위 사이의 전이는, 전자가 후자보다 낮은가 혹은 그 반대인가에 따라서 복사의 흡수나 방출로 나타난다. 개별적인 원자 모두는 질량 단위의 에너지 준위 전자들을 수용한다는 사실이 스펙트럼 속의 휘선과 흡수선들의 존재를 설명해 준다. 이 선들의 자국이 복사에서 드러나는 물질의 에너지 준위차를 반영한다. 각각의 원자 유형은 이러한 분광선의 표시로 식별된다.

온도(Température): 어떤 체계에서 입자들의 평균 운동 에너지 단위.

우주론(Cosmologie): 우주의 기원 및 구조 · 성분 · 진화에 관한 연구.

우주론 원리(Principe cosmologique): 우주는 매우 광범위하게 등방성이며 균일하다는 가설(귀납적으로 정당화된).

우주 모형(Modèle cosmologique): 우주를 묘사하기 위한 이론적인 구성으로, 아인슈타인의 장의 방정식들에 근거를 둔다.

우주 상수(Constante cosmologique): 아인슈타인이 우주를 안정시키기 위해 자신의 방정식에 도입한 항. 오늘날에는 팽창에 가속도를 주기 위해 이용된다.

우주전자파(또는 우주배경복사)(Rayonnement cosmologique fossile(ou rayonnement du fond du ciel)): 밀리미터 단위로 분할된 헤르츠파로, 스펙트럼이 절대 온도로 2.735 흑체의 스펙트럼과 같다. 극히 일정하고 거의 완전하게 전 방향에서 동일한 이 전파는, 우주가 투명했던 시기의 잔해로 해석된다.

원소의 합성(Nucléosynthèse): 핵반응의 영향을 받아 원자들의 핵이 합성된다.

원자(Atome): 핵자들(양자들과 중성자들)로 이루어진 하나의 핵덩어리를 에워싸는 전자들의 체계.

원자핵(Noyau atomique): 양의 전하를 띠는 원자의 중심부로, 여기에 질량의 대부분이 집중되어 있다. 이것의 밀도는 10^{14}g/cm^{3}이다. 핵들은 다양한 수의 중성자와 양자들의 결합체이다. 핵이 수용하는 양자의 수는 외곽의 전자들의 수를 결정한다. 그 수는 서로 같아 중화 상태가 확보된다.

유클리드의 (평평한) 시공(Espace-temps euclidien(plat)): 뉴턴의 제1법칙에 따라서 자유 낙하하는 입자들이 일정한 속도로 직선을 그리며 떨어지는 시공.

은하(Galaxie): 별들의 집합(태양질량의 10^8-10^{13}). 우리 은하인 은하수는 약 2백 억 개의 별들로 구성되어 있다. 은하들의 형태에는 나선형·타원형·불규칙형의 세 가지가 있다.

인과성(Causalité): 어떤 물리적 작용도 빛보다 더 빨리 확산될 수 없다는 사실에 부합하는 사건들의 구성 방식.

일반 상대성(Relativité générale): 굽은 혹은 뒤틀린 시공에서의 물리적 현상들에 관한 이론. 시공의 왜곡은 물질이 존재함을 나타낸다.

장(Champ): 어느 순간이나 공간의 전 지점을 넓게 차지하고 있는 힘 전체.

장의 방정식(Équation du champ): 맥스웰의 방정식들은 전자기장을, 아인슈타인의 방정식들은 중력 장을 지배한다.

전자(Électron): 핵과 결합되어 있으며 원자를 구성하는 기본 입자. 전자는 안정되고 가벼우며 음의 전하를 띤다. 전자의 방출은 약한 상호 작용의 영향하에서 중성 미립자의 방출과 함께 일어난다.

전자기 스펙트럼(Spectre électromagnétique): 스펙트럼은 전파의 파장(주파수나 에너지)의 분포를 결정한다. 방사성파(파장인 100,000km에서 1mm) 및 적외선·가시광선(적색선과 자색선 사이, 780에서 380nm)·자외선, 그리고 파장이 0.01nm 이하인 **X**선과 감마선으로 구분한다.
　우선 온도가 다른 물체들은 다른 파장을 방사한다. 따라서 천문학자들은 자신들의 도구를 다양화해야 하며, 바로 연구하려고 했던 스펙트럼의 일부를 대기층이 빼앗는다면 그 도구들을 대기층 밖으로 가져가야 한다. 곧 인공위성을 궤도에 올려 놓아야 한다.

전자 볼트(eV)(Électronvolt): 물리학에서 고에너지(핵에너지)에 이용되는 에너지 단위. 1전자 볼트는 1볼트의 전위차에 놓인 하나의 전자에 의해 얻어지는 에너지이다. 1전자 볼트의 전자 속도는 580km/s이다.

중간자 보손 혹은 벡터 보손(Bosons intermédiaires ou bosons vecteurs): 상호 작용들을 전달하는 정수 스핀의 입자들.

중력(Gravitation): 물질을 향한 물질의 보편적인 끄는 힘. 무거운 입자들을 서로 가까워지게 하는 힘은 뉴턴에 의하면, 관련된 입자들의 질량에 비례하고 그것들간 거리의 제곱에 반비례한다. 이와 동일한 현상이 아인슈타인에 의하면, 시공의 만곡으로 설명이 가능하다. 최근에 진행중인 천체 관측에 의하면 우주 상수 또는 그것에 부합하는 '진공'은 오히려 척력을 유발한다.

중성 미립자(Neutrino): 전자기 상호 작용과 강한 상호 작용을 하지 않는 극히 가벼운 입자. 양자가 중성자로 변할 때 중성 미립자는 날아간다.

중성자(Neutron): 원자핵의 구성 요소 중 하나로 이것은 전하를 띠지 않는다. 자유로운 중성자는 불안정하며, 약 10분 만에 양자로 붕괴된다. 또 이것은 원자핵 내부에서 약한 상호 작용의 결과, 양자로 변할 수 있다.

중수소(Deutérium): 양자 하나와 중성자 하나로 구성된 수소의 동위 원소.

진동수(Fréquence): 파동의 초당 진동수. 진동수는 파동의 길이에 반비례한다.

초신성(Supernova): 화려한 빛을 내며 별이 폭발하는 것. 초신성은 붕괴하는 별 중심에서 에너지를 끌어당기는 중력 초신성과 진짜 우주의 폭탄과 같은 핵융합 초신성의 두 부류로 나누어진다.

초팽창(Inflation): 우주가 지수 함수적으로 급격하게 팽창한 현상.

측광(Photométrie): 빛의 강도 측정.

쿼크(Quark): 물질의 기초를 이루는 요소들 중의 하나로, 결코 따로 있는 경우가 없고 강한 상호 작용이라는 매듭으로 그 동류들과 언제나 함께 묶여 있다. 양자와 중성자를 구성하는 쿼크는 u와 d(up과 down)라는 두 종류의 다양체로 존재한다.

터널 효과(Effect tunnel): 입자들에게 물리적 장벽 혹은 에너지 장벽들을 넘을 수 있는 가능성을 주는 전형적인 양자역학의 용인. 이러한 힘은 원자물리학의 개체들의 파동적 특성에서 기인한다.

특수 상대성(Relativité restreinte): 유클리드의(평평한) 시공에서의 물리적 현상들에 관한 이론. 이 이론은 중력이 없을 때에만 적용된다.

특수 상대성 원리(Principe de relativité restreinte): 다음과 같은 두 개의 공리로 이루어진다.
1. 일정한 속도로 일직선상을 이동하며 상대방을 서로 마주 보는 두 관찰자들은, 아무도 상대방이 움직이고 있다고 말할 수 없다.
2. 두 관찰자가 진공 속에서 빛의 속도를 측정하면, 모두 300,000km/s이라는 같은 수치를 얻는다.

파장(Lougueur d'onde): 주기적인 어떤 파동의 두 정점 사이의 거리.

팽창(Expansion): 성단간의 거리의 증가.

페르미온(Fermion): 파울리의 배타 원리에 따르는 반정수 스핀 입자.

예를 들어 두 개의 전자는 에너지나 운동에 의해 구별되지 않는다면 같은 장소에 존재할 수 없다.

프리드만(의 우주 모형)(Friedmann(modèle d'univers de)): 균일하고 등방성의 우주 모델로, 아인슈타인의 장의 방정식들의 해인 팽창 운동을 전제로 하고 우주 상수는 영으로 가정한다.

플랑크 (상수)(Plank(constante de)): 복사의 주파수와 그것을 구성하는 광자들의 에너지 사이의 비례계수($h=6.626.\ 10^{-27}\mathrm{ergsec}$).

핵자(Nucléon): 원자의 핵을 구성하는 입자. 양자와 중성자로 구성된다.

허블(상수)(Hubble(paramètre de)): 은하들간의 거리와 멀어지는 속도 사이의 비례 계수. 이것의 역수로 우주의 나이를 대략 추정할 수 있다. 이 값은 $65\mathrm{km/sec.Mpc}$로 추정된다($1\mathrm{pc}=3.10^{18}\mathrm{cm}$).

휘선(輝線)(Raies d'émission): 스펙트럼 여기저기를 장식하는 빛나는 선들. 보통 보다 차가운 가스의 복사에 포개어진 더운 가스의 복사로 만들어진다.

흑체(Corps noir): 모든 파장의 복사를 흡수하고 열을 복사하는 가상의 물체. 이것은 완전히 흡수하는 동시에 완전히 방사한다. 흑체 복사는 방사체의 성질이나 형태와 상관없으며, 오직 그것의 온도에 의존한다.

힘(Force): 역학에서 입자들 상호간의 영향을 설명할 수 있게 하는 개념.

흡수선(Raies d'absorption): 복사가 이동중에 차가운 곳을 지나면서

만들어 내는 어두운 선들. 흡수선들을 통해 우리는 차가운 물질, 특히
성간운을 구성하는 물질에 대한 정보를 얻는다.

박선주
세종대학교 국어국문학과 졸업
이화여자대학교 통번역대학원 한불번역과 졸업
역서: 《철학에 입문하기》《영화의 목소리》
《사물들과 철학하기》

하늘에 관하여

초판발행 : 2006년 4월 10일

東文選

제10-64호, 78. 12. 16 등록
110-300 서울 종로구 관훈동 74
전화 : 737-2795

편집설계 : 李姃롯

ISBN 89-8038-573-0 04440
ISBN 89-8038-050-X(세트 : 현대신서)

東文選 現代新書 14

사랑의 지혜

알랭 핑켈크로트

권유현 옮김

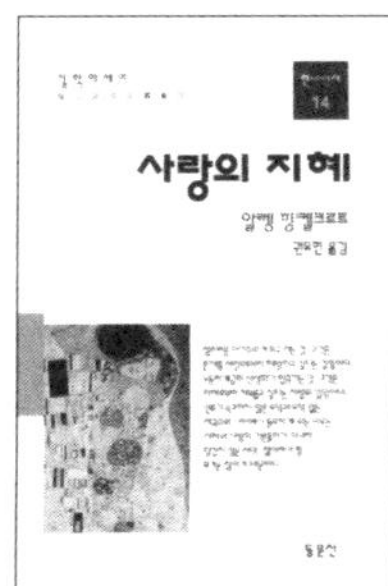

　수많은 말들 중에서 주는 행위와 받는 행위, 자비와 탐욕, 자선과 소유욕을 동시에 의미하는 낱말이 하나 있다. 사랑이라는 말이다. 그러나 누가 아직도 무사무욕을 믿고 있는가? 누가 무상의 행위를 진짜로 존재한다고 생각하는가? ‘근대’의 동이 터오면서부터 도덕을 논하는 모든 계파들은 어느것을 막론하고 무상은 탐욕에서, 또 숭고한 행위는 획득하고 싶은 욕망에서 유래한다는 설명을 하고 있다.

　이 책에서 묘사하는 사랑의 이야기는 타자와 나 사이의 불공평에서 출발한다. 즉 사랑이란 타자가 언제나 나보다 우위에 놓이는 것이며, 끊임없이 나에게서 도망가는 타자로부터 나는 도망가지 못하는 것이다. 그리고 사랑의 지혜란 이 알 수 없고 환원되지 않는 타자의 얼굴에 다가가기 위해 애쓰는 것이다. 저자는 이 책에서 남녀간의 사랑의 감정에서 출발하여 타자의 존재론적인 문제로, 이어서 근대사의 비극으로 그의 철학적 성찰을 이끌어 가기 때문이다. 그러나 우리가 이웃에 대한 사랑을 이상적인 영역으로 내쫓는다고 해서, 현실을 더 잘 생각한다는 법은 없다. 오히려 우리는 타인과의 원초적 관계를 이해하기 위해서, 또 그것에서 출발하여 사랑의 감정뿐 아니라 다른 사람에 대한 미움의 감정까지도 이해하기 위해서, 유행에 뒤진 이 개념, 소유의 이야기와는 또 다른 이야기를 필요로 할 수 있다.

　알랭 핑켈크로트는 엠마뉴엘 레비나스의 작품에 영향을 받아서 근대가 겪은 엄청난 집단 체험과 각 개인이 살아가면서 맺는 ‘타자’와의 관계에 대해서 계속해서 질문을 던진다. 이것은 철학임에 틀림없다. 그렇기는 하지만 구체적인 인물에 의해 이야기로 꾸민 철학이다. 이 책은 인간에 대한 인식의 수단으로 플로베르・제임스, 특히 프루스트를 다루며, 이들의 현존하는 문학작품에 의해 철학을 이야기로 꾸며 나간다.

東文選 現代新書 81

영원한 황홀

파스칼 브뤼크네르

김웅권 옮김

“당신은 행복해지기 위해 사는가?”

당신은 왜 사는가? 전통적으로 많이 들어온 유명한 답변 중 하나는 “행복해지기 위해서 산다”이다. 이때 ‘행복’은 우리에게 목표가 되고, 스트레스가 되며, 역설적으로 불행의 원천이 된다. 브뤼크네르는 그러한 ‘행복의 강박증’으로부터 당신을 치유하기 위해 이 책을 썼다. 프랑스의 전 언론이 기립박수에 가까운 찬사를 보낸 이 책은 사실상 석 달 가까이 베스트셀러 1위를 지켜내면서 프랑스를 ‘들었다 놓은’ 철학 에세이이다.

“어떻게 지내십니까? 잘 지내시죠?”라고 묻는 인사말에도 상대에게 행복을 강제하는 이데올로기가 숨쉬고 있다. 당신은 행복을 숭배하고 있다. 그것은 서구 사회를 침윤하고 있는 집단적 마취제다. 당신은 인정해야 한다. 불행도 분명 삶의 뿌리다. 그 뿌리는 결코 뽑히지 않는다. 이것을 받아들일 때 당신은 ‘행복의 의무’로부터 해방될 것이고, 행복하지 않아도 부끄럽지 않게 될 것이다.

대신 저자는 자유롭고 개인적인 안락을 제안한다. ‘행복은 어림치고 접근해서 조용히 잡아야 하는 것’이다. 현대인들의 ‘저속한 허식’인 행복의 웅덩이로부터 당신 자신을 건져내라. 그때 ‘빛나지도 계속되지도 않는 것이 지닌 부드러움과 덧없음’이 당신을 따뜻이 안아 줄 것이다. 그곳에 영원한 만족감이 있다.

중세에서 현대까지 동서의 명현석학과 문호들을 풍부하게 인용하는 저자의 깊은 지식샘, 그리고 혀끝에 맛을 느끼게 해줄 듯 명징하게 떠오르는 탁월한 비유 문장들은 이 책을 오래오래 되읽고 싶은 욕심을 갖게 한다. 독자들께 권해 드린다. — 조선일보, 2001. 11. 3.

東文選 現代新書 87

산다는 것의 의미·1
— 여분의 행복

피에르 쌍소 / 김주경 옮김

"삶을 어떻게 살아야 하는가?"라는 물음에 대한 해답찾기!!

인생을 살 만큼 살아본 사람만이 이에 대한 대답을 할 수 있을 것이다. 영원한 것은 아무것도 없고, 변화 또한 피할 수 없다. 한 해의 시작을 앞둔 우리들에게 피에르 쌍소는 "인생이라는 다양한 길들에서 만나게 되는 예기치 않은 상황들을 대비할 수 있도록 도덕적 혹은 철학적인 성찰, 삶의 단편들, 끔찍한 가상의 이야기와 콩트, 이 세상에서 벌어지고 있는 참을 수 없는 일들에 대한 분노의 외침, 견디기 힘든 세상을 조금이라도 견딜 만하게 만들기 위한 사랑에의 호소 등등 여러 가지를 이 책 속에 집어넣어 보았다"는 소회를 전하고 있다. 노철학자의 삶에 대한 깊은 성찰이 고목의 나이테처럼 더없이 선명하게 다가온다.

변화를 사랑하고, 기다릴 줄 알고, 바라보는 법을 배우고, 자기 자신에게 인내를 가질 수 있게 하는 이 책 《산다는 것의 의미》는, 앞서의 두 권보다 문학적이며 읽는 재미 또한 뛰어나다. 죽어 있는 것 같은 시간들이 빈번히 인생에 가장 충만한 삶을 부여하듯 자신의 내부의 작은 목소리에 귀기울이게 하고, 그 소리를 신뢰케 만드는 것이 책의 장점이다. 진정한 삶, 음미할 줄 아는 삶을 살고, 내심이 공허한 사람이 되지 않도록 우리의 약한 삶을 보호할 줄 알며, 그 삶을 사랑하게 만드는 것이 피에르 쌍소의 힘이다.

이 책을 읽어 나가는 동안 우리는 의미 없이 번쩍거리기만 하는 싸구려 삶을 단호히 거부하고, 자기 자신에게로 돌아와 찬찬히 들여다볼 수 있는 시간을 갖게 될 것이다. 그리고 자신만의 희망적인 삶의 방법을 건져올릴 수 있을 것이다.

東文選 現代新書 102

글렌 굴드, 피아노 솔로

미셸 슈나이더

이창실 옮김

캐나다 태생의 전설적인 피아니스트 글렌 굴드에 관한 전기

정상에 오른 32세 나이에 무대를 완전히 떠났으며, 결혼도 하지 않고, 50세라는 길지 않은 생을 살았던 천재적인 피아니스트 글렌 굴드에 관한 전기나 책들이 외국에서는 이미 많이 나왔으나 국내에는 처음으로 번역 소개되었다.

삐걱거리는 의자, 몸을 흔들며 끙끙대는 신음, 흥얼대는 노래, 다양한 음색, 질주하는 템포, 악보를 무시하는 해석, ……독특한 개성으로 많은 음악애호가들의 사랑을 받아 왔던 글렌 굴드의 무대 경력은 불과 9년에 불과했다. 30세가 되면 연주회를 그만두겠다고 밝힌 바 있었으며, 32세에 이를 실행하였다. 50세에는 녹음을 그만두겠다고 했다가 50세가 되던 다음 다음날 임종했다. 짧다면 짧고 단순하다면 단순하다고 할 수 있는 이 연주가에 대해 한 편의 전기를 쓰는 일이 결코 쉬운 일이 아니었을 것이나, 여기서 저자는 통상적인 전기물의 관례를 깨뜨린 채 인물의 내면으로 곧장 빠져 들어감으로써 보다 강렬한 진실을 열어 보이는, 예기치 못한 방법으로 그의 삶과 예술 세계를 조명하고 있다. 그리하여 그동안 그의 음악을 들어 오던 독자들로 하여금 평소에 생각했던 점들이 너무도 또렷한 언어들로 구현되고 있다는 느낌을 떨쳐 버릴 수 없도록 해주고 있다. 굴드의 연주에 대한 날카로운 분석은 물론 그런 연주와 밀접하게 얽혀 있는 한 삶에 대한 저자의 이해와 긴 명상에 동참하는 기쁨을 누리게 해준다.